心有大爱
幸福自然来

孟令玮 编著

煤炭工业出版社
·北京·

图书在版编目（CIP）数据

心有大爱，幸福自然来 / 孟令玮编著. - - 北京：
煤炭工业出版社，2018
ISBN 978 - 7 - 5020 - 6833 - 2

Ⅰ.①心…　Ⅱ.①孟…　Ⅲ.①幸福—通俗读物
Ⅳ.①B82 - 49

中国版本图书馆 CIP 数据核字（2018）第 190505 号

心有大爱　幸福自然来

编　　著　孟令玮
责任编辑　高红勤
封面设计　荣景苑

出版发行　煤炭工业出版社（北京市朝阳区芍药居 35 号　100029）
电　　话　010 - 84657898（总编室）　010 - 84657880（读者服务部）
网　　址　www. cciph. com. cn
印　　刷　永清县晔盛亚胶印有限公司
经　　销　全国新华书店

开　　本　880mm × 1230mm^1/$_{32}$　印张　7^1/$_2$　字数　200 千字
版　　次　2018 年 9 月第 1 版　2018 年 9 月第 1 次印刷
社内编号　20180535　　　　　定价　38.80 元

前言

世间万物，皆是在爱中启蒙。

爱是人世间不可或缺的一种美妙的情感。因为有爱，生命才更加色彩斑斓；因为有爱，生命才更加旺盛坚强。爱是世间至高无上的法则，因为爱支撑着生命的全部。

特赖因曾经说过："告诉我在你心中，有多少人值得你去爱，我便能猜测出你的生命中有多少贵人；告诉我你对他人的爱有多么强烈，我便能知道你距离成功还有多远。"心中有爱，会给你的幸福加分。每个人的心底都有一颗爱的种子萌芽，只有充分认识了这个寄居在你生命中的伟大的情感，你才能善于运用这人间最真挚、最善良的情感爱自己、爱别人，让冰冷的世界变得更加美好，充满爱的味道。内心充满爱的人喜欢与善良的心为伍，每个生命才能摒弃一切令人厌恶的偏见，抛弃灰暗的悲观，与别人分享自己的快乐，并感受他人的幸福带给自己的愉悦。

你不能一个人过着孤独的生活还期待别人喜欢你，我们

不能活在一个人的世界里，只爱自己的人是不会得到别人的爱的，所以，不要吝惜自己的爱心，要善于播撒自己的爱，让别人体味你的爱带来的幸福，你也便会从中得到满足，为自己的幸福加分。你先要学会爱别人，才会理解爱的法则，拥有可爱的性格。

不管生活给予我们怎样的苦难和挫折，我们都不要放弃爱自己和爱别人的机会。爱自己才能使自己更加坚强、更加健康地面对生活为我们准备的种种幸福或苦难。唯有如此，才能发挥出生命的最大价值。无论世界上发生了什么，都要学会敞开心扉，真诚地去爱他人，安抚受伤的人，鼓励沮丧的人，安慰失意的人，帮助落魄的人。当你的仁爱之心像玫瑰一样散发出芬芳，当你用爱的温暖治愈了思想上的顽疾，当你用善良的微笑为心灵的创伤止痛，你便已经洞悉了世界上最伟大的秘密。

当你付出的爱能成为他人幸福的源泉，那么也是为自己的幸福加分。因为你的努力改变了他人的生活，而你从中也得到了欣喜与满足。这种世界上最伟大的情感总能给你的生活带来一些改变。

目　录

|第二章|

该放手时就放手

目 录

|第三章|

爱情需要空间

|第四章|

爱情的升华是婚姻

目　录

|第五章|

为幸福婚姻而努力

|第六章|

用爱经营幸福

第一章

爱情始于恋爱

爱情始于恋爱

　　爱情让人感到幸福，也让人感到惶恐。聪明的女人懂得男人需要什么，懂得如何去爱自己的男人，懂得怎样留住男人的心。在爱情的追逐中，最好的理由就是你爱对方，如果抱着爱以外的目的去追求一个人，那是对爱情的一种亵渎。伯·罗素说："惧怕爱情就是惧怕生活，而惧怕生活的人就等于半具僵尸。"因此，在感情生活中，无论是女方还是男方，能够捕获一方的心是有技巧的，而这个技巧就是求爱成功的重要条件。而求爱的技巧是基于人的心理弱点及人的情感自身的不可把握性。

  按照人们传统的思维习惯，认为男追女是天经地义的事，因为女性必须保持高贵傲慢才能吸引男性的爱慕，而男性亦喜欢一显他们的男子气概和满足他们的征服感，美丽女孩认为无论在任何情况下，自己只能成为男性追求的对象。但是现实并非如此，女性寻求解放已经多年，为什么偏偏在对于女性生活相当重要的爱情方面进步的脚步如此缓慢？其实男人对于主动出击的女人相当的有兴趣。为此，一位爱情心理专家指出："在现代生活中，人们的行为越来越趋向直接的亲昵动作，而且男女的个性差异在一部分开放的女孩中正在消失。"

  在心理学上有一个名词叫作"契可尼效应"。西方心理学家契可尼做了许多有趣的实验，发现一般人对已完成了的、已有结果的事情极易忘怀，而对中断了的、未完成的、未达目标的事情却总是记忆犹新。这种现象被称为"契可尼效应"。

  这种心理现象可以举出许多例子，例如，你在数学考试中要答100题，其中99题都完成得很好，就是剩下的那一道题把你难住了，没完成，未得出答案。下课铃响了，你交卷后走出考场，与同学们对答案，那99题都有正确的结果，而那

未完成的一题，同学告诉你答案。从此以后，那未完成的一题被你深刻而长久地记住了，而那99题却被你抛到九霄云外了。

"契可尼效应"经常会与初恋联系在一起。初恋是爱情交响曲中的第一乐章。从一个告别了天真无邪的童年时代，便进入了青春期。青春期的显著特征就是性意识的萌动以及对异性产生神秘、向往和爱慕的心理。在这个时间段的少男少女之间的朦胧爱意，比较单纯、简单，在以后的生命历程中几乎不可能再遇到。

因为单纯，因为美好，我们在一开始的时候总希望能与对方天长地久、耳鬓厮磨，这也是大多数人初恋的心态。但是初恋，毕竟是恋爱的起步，有试探的性质、往往消失得很快，且没有来由。尽管如此，初恋的感觉仍旧令人回味无穷，甚至刻骨铭心。因为初恋的对象留给自己的印象是非常深刻的。这一最先的印象会直接影响到我们以后的一系列恋爱行为。

总之，由于我们把初恋看成是一种"未能完成的""不成功的"事件，它的未完成反而更使人难以忘怀，同样，在未获成果的初恋中，我们和初恋情人一起度过的美好时光，

大多会深深地印入我们的脑海，使我们一生都难以忘却。简单地说，初恋之所以令人念念不忘，正是源于它的未完成性。

恋爱在刚开始时充溢着紧张感，这也就是在告白之前的状态。当你自己十分倾慕对方，却觉得他似乎对自己有点意思，又似乎有些冷漠……

于是，怀着些许不安和强烈的期待，你一边漫不经心地说着某些意味深长的话，一边避重就轻地和他谈话。当你神经紧张，只是为了委婉地试探他的性格和现在的心情的时候，那个场面绝不亚于生死搏斗。陷入恋爱中的人总会敏锐地捕捉对方的视线和一点点小动作，试图从中发现什么。

卡斯特罗有句真知灼见的话："女人永远不要让男人知道她爱他，他会因此而自大。"所以在我们的恋爱过程中，我们一定要做到轻易不说"我爱你"。然而，在现实生活中，谈情说爱时，恋人间会脱口而出"我爱你"，一点也没啥难为情的，只怕说不够。可是婚后久了，这句表达爱情的话由于长期不用，便觉得不好意思说出口了，认为"爱"呀"情"呀什么的只是少男少女的事。其实，夫妻之间的感情也需要表白，这一点对女性来说尤其重要。妻子常常向丈夫

发问："你还爱我吗？"就是想让丈夫亲口说"我爱你"，从而证实丈夫对自己的爱。

　　有时一封信、一束鲜花、一个电话、一个小礼物，都能表现你对爱人的深情。如果你经常出差在外，那么别忘了打个电话，写封信，捎回小纪念品。这些貌似平凡的小事，将使你的爱人直观地感受到你对他的深沉的爱情。

　　女人的美丽是慢慢绽放的，而爱情恰恰是美丽的催化剂。爱并非女人生命的全部，但爱却已经成为她执着的追求，教会她用一种更积极的心态经营生活。在与凡俗的物质为伴的婚姻长跑中，女人要用心经营才能使爱情保鲜。

　　女人可以专一，可以深情，可以执着，但要珍惜你的付出，不是付出越多越好，要有自己的原则、底线。你要活出你自己的精彩，不要把男人当成你的天。付出多了失去自己反而让男人轻视你。自尊自爱，自立自强，自我完善，有张有弛，才能让自己的天空不下雨，就是下雨了，也还有一把你的小伞握在你手里。

　　爱情代表着女人生活的质量。对女人而言，它具有至高无上的位置。爱情保鲜的内容成为女人一生最重要的功课。要想做好这门功课，就需好好把握自己对爱的感觉，随爱心

动。

爱的感觉，总是在一开始时觉得很甜蜜，总觉得多了一个人陪你，多了一个人帮你分担，你终于不再孤单了。但是慢慢地，随着彼此认识的加深，你发现了对方的缺点，于是问题一个接着一个发生，你开始烦、累，甚至想要逃避。有人说爱情就像在捡石头，人们总想捡到一个适合自己的，但是你又如何知道怎样才能够捡到呢？

令人羡慕的美满情侣从来不需要祈求上帝保佑他们的爱情，只要培养良好的爱情习惯，女人就可以轻轻松松塑造自己完美的爱情。

心理学家说："爱情来得使人带有比平时更强的非理性化。"人的行为中，感情、动作的沟通往往比语言还快。表现在恋人的求爱上就有在一定的情况和范围下，先拥抱后表白或先接吻后表白的求爱现象。

突破爱情的心理防线

　　许多女人常常感叹，爱情是多么脆弱，但聪明女人知道感叹是毫无用处的。感情是需要细心呵护的，而不能急于求成，一下子把你的火势全都倾注于对方，连一个循序渐进的过程都没有，那无异于春天里突如其来升起一轮火热的太阳，让人感到头晕目眩和窒息。

　　聪明女人从不会把全部心思都放在一个男人身上，一味地去做爱的表白，她们会不紧不慢地谈些与他无关的事情。当你对自己身边的事物表现出极大的热情时，他心中的爱就会被点燃，这下就该轮到他痴痴地等电话，赴约会，没完没

了地表达爱意了。这样，你们之间的感情反而会愈加坚固。

有时候我们会听到这样一句话："爱一个人是不需要理由的，喜欢就是喜欢。"难道真的是这样吗？其实未必，喜欢一个人一定是有原因的。心理学家研究指出，喜欢一个人的理由不仅多，而且复杂，下面是几项简单的理由，快来和自己对照一下吧！

（1）生活中，大家都喜欢漂亮或帅的异性。心理学的很多实验也证明，魅力指数高的人更容易获得异性的青睐。不过，并不是所有魅力指数高的人都会成为自己的恋爱对象。在大多数情况下，人们都愿意找与自己相貌相当的人谈恋爱。虽然大家都向往与漂亮或帅的异性谈恋爱，但是如果对方的外貌太出众的话，我们自己首先就会打退堂鼓，认为自己配不上他或她，而且还会想："如果我开口的话，肯定会遭到拒绝。"于是，人在大多数情况下都会找与自己条件差不多的异性谈恋爱。心理学将这种心理称为"匹配假说"。

（2）生活中我们会发现，两个人的性格、喜好很接近的话，如果是同性，他们会是很好的朋友；如果是异性，则他们成为情侣的机会就很大。这是为什么呢？当人的价值观、金钱观、喜好等相似的时候，容易相互产生好感。这是使人

们陷入爱情的"相似性原因"。如果两人相似性比较多，在谈话中能够找到共同的话题，两个人的认知会达到一种平衡的状态，这种状态能保持下去，互相之间也会产生好感。

（3）很多相处了好久的情侣最后分手的原因是："我们不合适，你根本就不了解我。"反过来，也就是说，了解对方的心情和需求，对两个人恋爱关系的增进是非常关键的。

（4）有时候我们谈恋爱还与自己的心理状态有关。例如，当一个各方面都很优秀，又和自己相匹配的异性出现时，我们的心里却不想谈恋爱，这样就会无果而终；当我们心情很好或者很差，很像找个人和自己说说知心话时，即使出现的异性不出众，也许我们还是会谈恋爱的。

（5）有时候我们谈恋爱不是因为自己想去谈，而是看到身边好多朋友都在谈恋爱，在这样的环境中，自己也想找个人谈恋爱。这也是"同调行为"的一种体现。当我们周围朋友中谈恋爱的人数越来越多时，人的"同调行为"会逐渐转变成一种强迫观念，认为自己到了不谈不行的地步了，结果，降低了自己对恋爱对象的要求或标准，于是很容易就恋爱了。

从上述分析可以看出，只有建立在了解基础上的爱情才

是深刻而持久的。在不断认识对方的过程中也认识了自己，那种快乐肯定不如初恋那么激烈，但一定更深厚、更长久。如果不了解，就会产生可怕的嫉妒心理，这样的话，不仅害了自己，也害了别人。

　　爱情是双方相互理解、相互欣赏、相互交融的过程。爱情达到这样一个程度，就需要婚姻这个形式。婚姻家庭既是物质的承载，也是心灵的港湾。它给你提供了一种慰藉，不管经历了什么，你不需要任何理由就可以回到这个港湾。

　　恋爱，往往是婚姻的准备过程。因为两个人开始时可能相互都不了解，要想走进婚姻的殿堂，两个人必须要有一定的感情基础才行。因此，恋爱就是结婚的一个准备阶段，它可以让两个人从素不相识到如胶似漆。

　　如果说爱是一种成长、一种学习，婚姻就是一种验收、一种考试，测验你在爱情里的学习成绩。爱情最终的功课是责任，但责任绝对不是形式，而是一种实践。责任的范围，就是对方的全部。或许责任是沉重的，但它是可以收获的果实，因为你花费了时间精力，因为是两个人共同打造的，这种果实的甜美和品尝时的喜悦，将会是世上最甜美的。

　　婚姻是需要双方来经营的，彼此信任与坦诚，深入地沟

通才能持久，而不是猜疑、唠叨，互相治气，这样只能断送美满的婚姻。

法国的拿破仑三世，是拿破仑的侄子，爱上了全世界最漂亮的女人特巴女伯爵玛利亚·尤琴，并且想和她结婚。他的顾问指出，她的父亲只是西班牙一位地位并不显赫的伯爵，但拿破仑三世反驳说："那又怎样？"她的高雅、妩媚、年轻、貌美使他内心充满了幸福、快乐。在一篇皇家广告中，他强烈地表示他要不顾全国的意见，"我已经选上了这个我挚爱的女人。"他宣称，"我从来不曾遇见过像她这样美的女人。"

拿破仑三世和他的婚姻拥有财富、健康、权力、名誉、美丽、爱情、尊敬——一切都符合一个十全十美的罗曼史。从来就没有婚姻的圣火会燃烧得那么热烈。

但这圣火很快就变得摇曳不定，热度也冷却了，只留下了余烬。拿破仑三世能够使尤琴成为一位皇后，但无论是他爱的力量也好，他帝王的权力也好，都无法使这位法兰西妇人中止挑剔和唠叨。

因为她中了嫉妒的蛊惑，疑心病很重的她竟然藐视他的

　　命令，以致不给他一点私人的空间。当他处理国家大事的时候，她竟然冲入他的办公室里；当他讨论最重要的事情时，她却干扰不休。她不让他独自一个人待着，总是担心他会跟其他的女人亲热。她经常跑到她姐姐那里数落她丈夫的不好，又说又哭，又唠叨又威胁。她会不顾一切地冲进他的书房，不住地大声辱骂他。拿破仑三世即使身为法国皇帝，拥有十几处华丽的皇宫，却找不到一处不受干扰的地方。

　　尤琴这么做，可以得到些什么呢？我们用莱哈特的世著《拿破仑三世与尤琴：一个帝国的悲喜剧》里的话来加以说明："于是拿破仑三世经常在夜间从一处小侧门溜出去，用头上的软帽盖着眼睛，在他的一位亲信的陪同之下，去找一位等待着他的漂亮女人，再不然就出去欣赏巴黎这个古城，在神仙故事中皇帝不常去的街道上溜达，呼吸着原本应该拥有的自由的空气。"

　　这就是尤琴唠叨的后果。不错，她是坐在法国皇后的宝座上；不错，她是世界上最漂亮的女人，但在唠叨的毒害之下，她的尊贵和美国并不能保住爱情。尤琴提高她的声音，

哭叫着说："我最怕的事情，终于降临在我的身上了！"降临在她的身上？其实是她自找的。她的嫉妒和唠叨使她一败涂地。

在地狱中，魔鬼为了破坏爱情而发明的肯定会成功且恶毒的办法中，唠叨是最厉害的。它总是不会失败，就像眼镜蛇咬人一样，总是具有破坏性，总是置人于死地。

医学研究表明：最容易造成男人心理疲惫的，往往不是工作和人际关系的压力，而是女人过高的期望值。这种期望常常给男人带来巨大的心理压力，有的男人因无法承受这种压力，或弃家而去，或消极抵抗，或由此产生心理障碍而一蹶不振。为此，一位心理学家指出："在爱情的过程中，当两个人互相想突破心理障碍的时候，性格内向的人总是希望对方先表白，习惯于被动地进入爱情，误以为'缘分'会对我们终身负责。而事实上，缘分多半只负责让你们相遇，至于后续发展就要看你们如何把握了。很多时候，是成是败，是白头偕老还是失之交臂，主动权也可以神不知鬼不觉地掌握在你手上。"

在互补中相爱

　　大部分人都会认为性格、志趣相同的人应该更容易相处，但在现实生活中，性格、志趣不同的人结为密友或夫妻的感情往往更好，这就是"互补定律"的作用。互补型恋人往往更容易欣赏对方，因为自己欠缺的，对方会作为一个很好的补充。都是急性子的人在一起，就容易发生争吵、纠纷，都是沉默寡言的人在一起，生活就显得沉闷。这和物理学上的"同性相斥"现象极为相似。恋人之间，个性互补，才有利于把爱情长久地维持下去。为此，心理学家指出："一个智能的女人，应该知道打破旧有观念需要代价，而自

已未必有能力承受。智能女人是想办法让对方开口，给一个人三次机会：约他吃一次饭，看一场电影，参加一次朋友聚会。如果他依然没有任何反应，那么一定要放弃。"

这位心理心学家说得非常的好，我们的经历告诉我们，我们在追求爱情的岁月里发现，爱情不是两个人或者三个人的事，而是一个人的事。爱情，是自身的圆满。当你了解了爱情，你也就了解了人生。

我们知道，在我们的一生中，我们要作出很多决定，这些决定有的甚至会影响到我们日后的生活质量，如读书、择业、住在哪里等等，婚姻也是如此。有些错误是可以弥补的，有些错误是无法改变的，只能忍受一生。在观念开放、强调两性平等的今天，男女交往、谈恋爱，也许比前辈自由、有经验，婚姻的自主权也更多，但两性的问题却并没有因此减少了，反而逐年增加。很多人没有经过好好的考虑和选择——常常为了面子，讨好父母，完成责任，终其一生碌碌无为。

每个真诚恋爱的人都期待着能从恋爱步入婚姻，然而，从恋爱到婚姻却往往并不是一个简单的过程，因为婚姻的内容远比二人世界的恋爱要复杂得多。客观地说，单单一份美

好真实的恋情，还不足以支撑起一份美好的婚姻，它不仅仅是完成了走向完美婚姻的感情方面的准备。刻骨铭心的爱情并不一定就能结出美满婚姻的果实，而很多平凡普通的婚恋，却能相濡以沫，厮守终生。因为从恋爱到踏上婚姻的红地毯依然有着遥远漫长的距离，同时也受到其他必要条件的限制。

感情准备就是为婚姻打下牢固的爱情基础。这是婚姻幸福的保证。爱情是男女之间相互倾慕、渴望结合的一种强烈感情。爱情的产生大多是从外部吸引开始的。但是，如果仅仅把爱情停留在这个层次上，那么，这种爱情将是十分脆弱的。相爱的男女双方应在外部吸引的基础上追求更深层次的内容，使爱情进一步得到深化。

很多人认为自己是自由恋爱自由结婚的，获得幸福婚姻自然是水到渠成的事。其实不然，"婚姻自由"并不等于"婚姻幸福"。不具备一定的知识和能力的人，是很难真正理解并运用好婚姻自由权的。如果说婚姻从不自由到自由是借助于社会进步而实现的，那么，从自由婚姻到幸福婚姻却多半要靠当事人的根据自己的理想，通过不懈地努力去创造一种优化的"小环境"而获得。在婚姻中有很多未知的领域需要

探索和研究，婚姻的社会性更是必须实践学习才能掌握的。

很多人对爱情缺少主动，他们会因为结婚而去恋爱，或者只因为生子而结婚，其间少了些爱情的幽香。在正常情况下，两个人是先有爱情，然后才会有婚姻，婚姻是爱情的一个永久的契约。但现实中很多"爱情"的起因是婚姻，人到了一定年纪以后，他们与异性交往的目的不是为爱情，而是为婚姻，还有更糟糕的是为了性生活。更多人的婚姻，往往就是一个待娶和一个待嫁的两个人的简单结合，他们很少有真正的爱情可言。他们最乐观的就是在结婚的基础上恋爱，或者说因为结了婚，两个人不得不"相爱"，这种婚姻往往是脆弱的。因此，男人应该利用天生的雄性优势，向自己的真爱主动出击。

因此，想要结婚的男女除了在婚前要加深了解外，还要通过对彼此间的婚姻观。家庭观以及个性成熟程度进行冷静的审视，了解对方对待婚姻今后的家庭生活的基本观点，正确认识相互之间存在的差异，了解对方在性格、气质、爱好、习惯及作风等方面表现出的与己不同之处，以便婚后客观地、正确地处理好相互之间的关系，自觉地做"整合"工作。

恋爱是婚姻的前奏曲。当你在观察对方的时候，不要只

顾注意他（她）的优点，也要尽量搜寻他（她）的缺点，你可以故意找些问题来试探他（她），比如他（她）约你去看电影，有时你可以拒绝；他（她）要请你吃饭，你说这时候已另外有约，不能前往，看他（她）有什么反应。尤其是当你巧妙运用你的"恋爱口才"一次次拨开恋人的阴云时，婚姻殿堂的大门也就离你不远了。我真诚地希望你们也能把这些方法应用到你的婚姻生活中，愿你的生活美满幸福。

爱情需要耐心

尽管爱情是我们生活的重要内容，但绝非唯一内容。爱情犹如橡皮筋，不能总是绷紧了不放松。爱得时间长了，也要让爱情歇一歇，适当地给予对方空间和自由，这样才能让爱情之花永远娇艳。

在生活中，你可以保留一点感情空间，用来爱自己。你心中的某些隐秘可以不对家中成员说，你有封闭这部分感情的权利。你的行动也是有一定空间的，业余时间不仅同恋人、家人在一起，还要到各种社交场合、社会活动场所。

当然，两个相爱的人彼此给对方保留自我空间也是非常

必要的。在日常工作生活中，常常会出现这种情况：妻子总希望让丈夫待在自己的身边，而丈夫并不愿意。虽然妻子给丈夫做了可口的饭菜，给了丈夫许多温存和关爱，丈夫仍感觉不到欢愉。相反，他们会感到空虚、无聊、妻子"黏"得越紧，丈夫的这种感觉就越浓。

心理学家指出，无论是爱情和婚姻的弹性都要保持，但一定要适度，既要放得出去，又要能够及时收拢回来，就像弹簧围绕中心上上下下，不脱离一样。要以家庭为中心，以感情为圆点，始终不让婚姻之舟偏离航向。

人类的性格，很大程度上是由后天的经历所造成的。夫妻间的搭配，开始并不完全和谐。但两人一旦结合之后，就像一部转动的机器，双方的性格就像两个齿轮，一个前伸，一个后屈，才能运转自如。否则，机器就会发生故障，我们有必要调整齿轮间距。当调整到合适的位置时，夫妻关系就达到最佳点了。为了寻求协调，这个最佳点不是一次可以调整好的，有时需要几次，甚至几十次，才能完成夫妻间的真正协调。

从心理学上分析，丈夫对妻子的让步，或妻子对丈夫的容忍，会给对方的心理上起一种缓解作用。一旦发怒的一方

冷静下来，他（或她）在心理上有一种负罪感，经过小小的插曲，会酝酿出一次新的甜蜜的回味。发怒的一方会向对方表示歉意，双方的间隙就会消失。

弹性关系会导致夫妻的默契。人们常说"知夫莫如妻"，反过来说，"知妻莫如夫"，双方的了解到了水乳交融的境界，那么就不存在谁对谁发脾气的现象，因为弹性关系可以使妻子了解丈夫发怒的原因，她在丈夫发怒之前就有效地给予了控制，和谐美满的家庭也就在这基础上维持下去。

说到底，弹性关系也是一个人完善自己性格的一个有效方法。在人类社会中，家庭关系、社会问题、现实矛盾，往往需要人类用忍耐的态度去给予克服。如果做人弹性不足，精神上没有承受能力，就会被烦恼所包围。而人类要进取，要有所作为，很大程度上要陶冶自己的情操，适应环境，并且做到克制随心所欲。在夫妻关系上如此，在其他人际关系上也是如此。

弹性性格，是人类追求文明的一种修养和美德。它将对未来的婚姻生活起着不何低估的重要作用，并减少人类生活中的动荡因素与不安全感。

所以，在爱情面前，无论是自己已经在心里做了决定，

却让别人先说了，还是确实没预料到爱情的突变，事情已经到了这一步，走得漂亮一点，那么你不能挽回一个人的心，却可以挽回自己的尊严。

对于女性来说，在男人面前耍点"小性子"可以说是她们的天性，她们常为男友的言行不符合自己的心意而耍性子赌气，哭天抹泪，使原本和谐、热烈的恋爱场景顿时出现僵局。在这种情况下，男人就要学会容忍，学会理解，学会宽容，只有这样，你才能在她面前做出一番坦率真诚的表白，使你深爱的人意识到你的诚心可鉴、真意可察，从而使你们的爱情得到进一步的成长。

当然，女性也要认识到，男人也有血有肉，遭受失败的时候是他最脆弱的时候，这时候你要放弃自己的任性，像母亲一样不厌其烦地安慰他、鼓励他、激发他的斗志，千万不要视若无睹，袖手旁观，更不要冷嘲热讽。许多美满的感情是在男人遭受失败的时候缔结下来的，而许多破裂的感情也结束于男人遭受失败之时。

两个人共同生活在一起，难免会产生摩擦，特别是在遇到困难的时候，男人会脾气暴躁，怒火一触即发。这时候千万不要火上浇油，而是要温言软语，先让他熄火。事实证

明，跟男人的冲突中，聪明的女人都能明白柔能克刚的道理，只有愚蠢的女人才会选择针锋相对。一个喜怒无常、经常像斗牛士一样怒发冲冠的女人是令人恐惧的。

美好的爱情是一所大学，而在感情生活中占有绝对主导权利的女人则是这所大学的校长，她可以改掉男人身上的种种恶习，培养男人以前所不具备的种种品质。哪一个女人都不是天生的校长，爱情大学的校长更是要边学习，边摸着石头过河。要想当一名胜任的校长，必须拥有爱心加耐心，只有这样才可能把一块什么都不像的橡皮泥捏成自己所需要的模样。

爱情当然是女人的追求，是神圣而不可亵渎的。但是，处于恋爱中的女人需要做一个警醒的人。爱情有一定的原则，即使在爱情中女人也不能完全迷失自己。而女人是最容易在爱情中迷失自己的。面对所爱的人，女性往往愿意为了爱情而把自己完全改变。为了得到心爱的人的喜爱，让自己表现得如他喜欢的样子，比如说他喜欢听的话，留他喜欢的发型，改变自己的穿衣风格以适应他的喜好，做他喜欢的事情等等。但是过一段时间以后，她就会突然感觉到自己已经不是原来的自己了。

主动创造爱情奇迹

爱情的追求，需要有一个人占主动，因为在恋爱开始时都两情相悦或一见钟情的人极少。因为男孩可能比女孩"脸皮厚"，不怕被拒绝。男孩被女孩拒绝一百次，他可能还会坚持追求这个女孩，而女孩常常忍受不了男人的一次拒绝。女孩往往不会死缠自己中意的男人，因为这样会被世俗看成是放荡。而男人对一个女孩的死缠烂打，往往会被人看成是征服女孩的一种气概和专一。因此，在恋爱的"攻防"中，男人往往要主动一些，当然，现实中的恋爱辛苦的常常也会是男人。

男人在爱情的追求上缩手缩脚，受害的是他自己，很

多大龄男青年婚姻问题得不到解决的原因，往往就是缺乏主动。他们不知道，对自己心爱女孩的追求，那是正大光明的事，没有必要瞻前顾后。可是，很多男人不敢对自己中意的女孩主动追求，他们有很多担忧，而那些担忧有些常常都是多余的。

不难想象，让一个女孩像男人那样去主动追求自己的意中人，那的确很难。有许多人，对于爱情一方面十分渴望向往，一方面却又闭关自守。他们只会坐待奇迹的出现，而不敢去主动创造奇迹。

韩瑞雪爱上了同一个写字楼里上班的阳光。她摸准了阳光每天会几点来上班，于是她就把握好时间在这个时间到达电梯口，然后就和阳光相遇。事实上，韩瑞雪每天都会早来一会儿，然后躲在楼梯里。看到阳光来了，然后不紧不慢地装作刚从另一个入口进来的样子。那时候，她每天都会早起20分钟，用心地选择当天适合穿的衣服，然后再给自己画妆一番。就这样，经过一段时间的相遇，阳光终于注意到了她。

在偶然的一天，两人又开始在电梯口相遇了，虽然互相没有打招呼，但却在电梯门前相视一笑。韩瑞雪有绝对的定力，她并没有表现出丝毫的着急，一连半个月都没有主动去

说一句话，直到明显感觉出阳光对他们巧遇的惊喜以及对她的好感，才很羞涩地和他说上几句话。

计划初步成功后，她又算准了阳光的下班时间。那天，她拎着大包的东西站在写字楼的门口，"刚好"看到他从电梯里走出来，她表现出很为难的样子，请他帮个忙拿一些东西上出租汽车，非常绅士的阳光当然不会拒绝，并主动提出自己有车，如果顺路的话可以带她一程，韩瑞雪听阳光这么一说，心里非常的高兴，她凭借早就调查好的消息，说出了一个离他的家非常近的地方。结果可想而知，阳光将她送到了目的地，两人在车上共度了一段美好的二人时光。韩瑞雪的话不多，主要是引导阳光来讲话，她自认给阳光留下了非常好的印象，于是双方就留下了联系电话。隔日，韩瑞雪又请阳光吃饭以表示感谢，全然没有流露出自己已经爱上他的想法。反倒是阳光对神秘的韩瑞雪表示出了极大的兴趣。过了不久，阳光开始追求她，韩瑞雪故作矜持了几天，看火候差不多了，就扑向了阳光的怀抱。

韩瑞雪对爱情花的心思着实不少，但是相比最后自己的所得，实在是微不足道的。她制造了与喜欢的人相遇的机

会，却没有"主动进攻追求他"，而是吸引对方产生好奇反过来追求自己，她的目的达到了，还安享着被喜欢的人追求的喜悦。

从上述故事可以看出，不谈恋爱你就不会明白渴望被爱的那种迫切感及得到爱情的喜悦，你也不会懂得包容一切的精神，想要探究人性的欲望以及这个世界虚伪无常。所以女人必须要拥有恋爱的经验，不管是一次也好，两次也好，毕竟恋爱是幸福的源泉。所以，追求自己爱的人，不要顾及到自己条件怎样，顾及太多往往会错失良机。

如果你是个等待爱情的人，那么，我想告诉你，缘分不是仅靠巧遇和偶合，更要凭借你去主动吸引和创造机会。一个人的爱情生活并非靠命运来决定，而应该是由自己来主控和掌握的。

你要记得：在这个世界上，你是独一无二的，没有人像你，你也不需要去代替谁。在你的人生舞台上，你是自己的主角，不需要去做谁的配角。别在难过的时候接受别人的爱，那对他们不公平，你也不会幸福。要分清楚，是喜欢？是同情？或是怜悯。相信，你终会遇到喜欢你而你又喜欢的人。所以，别放纵爱，别吝啬爱。

爱情需要一起成长

我们以"幸福"为人生追求的目标，把家庭设想成为温馨的港湾。在工作和生活中我们会遭遇很多压力，我们不自觉地把它们带到家里加以释放，获取安慰。但是，我们往往发现，自己连家都不想回了，甚至觉得独处的感觉更好一些。

为什么我们活得越来越压抑？越来越没有自己的空间？婚后，女人往往会有一种依赖性，他们总是将丈夫视为自己的贴身保镖，对丈夫总是管教有加、步步设防、层层加锁，害得男人们总是抱怨：再也没有以前的好日子了！"以前的好日子"意味着可以自由支配时间、做自己想做的任何事。

这也使得男人更加向往外面的世界。男人希望有自己的空间，需要有时间来交友、思考、学习等等。作为女人，应该了解男人的需求，留一点空间给男人，不至于像一根绷紧了的橡皮筋，久了就会失去弹性，一旦拉断，就会万劫不复。

生活中，人与人之间需要相互的了解，但人们往往又因自身保护的需要，有意无意地掩饰和隐藏自己真正的目的和意图。男人是最善于伪装自己的人，无论内心世界斗争的激烈和痛苦，男人总是将自己包裹得严严实实。越来越多的现代男子愿意倾听自己内在的声音，也愿意承认自己有和女人一样情绪：悲伤、快乐、寂寞、恐惧、愤怒或嫉妒。但他们还是会谨慎地选择，在自认为最安全的"秘密空间"独自面对。这也难怪有许多女性发现这样的感叹："男人为什么会这个样子？""他们在想什么？""我简直不认识他啦。"从这点来看，的确有点"男心叵测"的意味。

畅销书《男人来自火星，女人来自金星》（*Men Are From Mars, Women Are From Venus*）的作者葛瑞就提出一个有趣的"洞穴理论"。他说，男人需要安静的空间，客观地思考工作和生活中碰到的一些问题，以退为进，因而他们往往在经历了一天的压力与疲累之后，会习惯性地回到自己

的私人洞穴。

现代男人不再需要像过去那样压抑自己的情感，他们最好的选择是独处。在隐秘的角落，男人可以露出内心深处最真实的情绪，细细地感觉各种喜怒哀乐——可能是工作上的胜利或失败，也可能是性爱的欢愉与幻想，种种隐秘的念头，可以在这里忠实呈现，没有人会论断，也没有人会嘲笑，因为那是属于自己的空间。如果女人只凭借自己的认识去看待男人，那就大错特错啦。

在男人的世界里，爱情不是生活的全部，爱情只是美味佳肴中的调味品，是生活的一部分。而对女人来说，爱是生活的全部，是氧气、生命。因此，女人的爱总是轰轰烈烈的，搞得天下皆知。男人可就不同了，即使是在热恋中，他们也会有本事狠下心来六亲不认，专心一意地致力于眼前的事物。如果你认为男人未免太无情了，那么你错了，其实他们只是比较实际，一点儿也没有蔑视你存在的意思。

男人总是将"谨言慎行"牢牢地镌刻在心底里，适可而止地保持沉默。在与人交往时，他常常会保持沉默。而女人喜欢讲话，她很容易犯一个毛病，就是不管彼此的交情深浅，也不管对方是不是有兴趣，喜欢絮絮叨叨地数落生活里

的大事小事，总是一厢情愿地和初见面的男人分享心事。生活中，我们常常会听到女人抱怨男人不跟自己交心。而在男人看来，坦露秘密只能让自己在对方眼中变得无聊、琐碎且毫无神秘感，久而久之，两人关系就变得平淡无奇了，很多人也因此给感情画上句号。

当然，说恭维话也要有分寸，十分露骨的奉承话没有人爱听。只有发自内心的真诚赞赏，才能打动对方的心。另外，如果仅仅嘴甜，光耍"嘴皮子"，没有实际行动，也会适得其反。

俗话说"女人心，海底针"，意思是说女人的心思难以琢磨。可是你知道吗？其实男人的心理同样也是很复杂的。

男人不与友人说秘密情事，而女人则开诚布公，几乎到了无话不谈的地步，从爱人童年的事，到接吻技巧……都是彼此闲聊的话题。男人从不和朋友分享这些私生活。一方面，它会使男人感觉他的隐私为人所知，事事毫无隐瞒，很不自在，是一种背叛与出卖；另一方面，男人坚信自己的事自己管好，自己解决。

男人看问题更直截了当。男女交往时，了解对方是男女双方所努力追求的，只是男人和女人了解的重点南辕北辙。女人

想要知道，为什么他在晚上才打电话来，而不是在中午？他为什么请我看电影？这样说来，是不是有特殊的理由？

相对于女人不着边际的臆测，男人想知道的是事实：你多大了，你单身吗？星期六晚上你有空吗？你想见我吗？你爱我吗？许多女人将男人直截了当的决断、率真地陈述己见等称为冷酷无情，这是不公平的。事实上，男人看问题更像一辆在路上奔驰的车，他们惯常的思维方式是从甲地到乙地，呈直线而极少偏离轨道。如果男人请你看电影，不要在一开始就揣测它所隐含的任何象征意义，想想他为什么请你看，而不是请别人。十之八九是因为他爱你，如此而已。

男人对待感情的态度是当机立断斩情丝。这句话的意思并非"男人害怕承诺"。男人在进入一段稳定的感情之前，总是先自问：她符合我的需要吗？两人在性爱方面和谐吗？经济上，她是不是可以自给自足？如果所有问题的答案都是否定的，他绝对不会浪费时间和你轻磨硬泡，十之八九他会打退堂鼓，继续在爱情之路上寻觅佳人，绝不会像女人一样，明明看出彼此不合适，但还是钻牛角尖，一味地想改造对方。

正处于热恋中的你，想不想知道怎样才能打动你深爱的

男人呢？正所谓"知己知彼，百战百胜"。毕竟你的快乐，你的悲伤，你的爱情，你的生活，都在于你自己把握。别指望有什么救世主，也别依赖地和天，它们的博大深遂是渺小的人所不能进入的，这个时代里，能真正进入自己的内心世界的人已经不多了。如果有人问我"你相信天长地久吗？"我一定会毫不犹豫地说："相信。"——因为这是事实，同时也值得我们考虑的问题是："你相信你久我长吗？"——你有多久，我就有多久，因为爱情，需要我们一起成长。

恋爱心理

感情准备就是为婚姻打下牢固的爱情基础，这是婚姻幸福美满的保证。如果这项准备不充分，其他准备再齐全、再完美，也不能保障婚烟的幸福美满。因为爱情是播种，结婚是收获，庄稼不成熟，岂能丰收？可是，生活中到处可见庄稼不成熟就急于收割的人。许多男女由相识到结婚仅仅几个月，甚至仅见过几次面就订了终身，结果结婚不到半年就分道扬镳了。这些失败的婚姻的症结就在于缺乏必要的婚前感情准备。他们忽略了建造婚烟大厦的基础工程，基础不牢，大厦怎么会坚固呢？

为了充分做好婚前的感情准备，男女双方在相处、相爱的过程中，应该细致、深入、全面地观察、了解对方，把对方的脾气、爱好、习惯、追求乃至优点和缺点都摸透，即应该想方设法深入他（她）的心灵深处。当然，仅仅相互了解还是不够的，还需要相互理解、相互采纳，即相容，在此基础上建立、发展深沉、炽热的爱情。当男女间的感情已经达到了如此程度时，那么，婚前的感情准备则自然宣告圆满完成。

此外，在婚前，男女双方还要对过去的感情做彻底了断，不要使之影响婚后二人的感情。既然你有了新的选择，你就该全心全意对你未来的另一半付出真诚的爱与关怀，为两人的幸福而努力。

从上面的分析已经知道，在我们爱情的过程中，我们的恋爱心理已经随爱意发生了变化。一般来说，热恋的双方希望能够更加全方位地了解对方的一切，尤其是脾气、性格、兴趣爱好以及内心的秘密等，并通过对对方的了解来修正自己的行为、习惯甚至是兴趣爱好，以尽量地适应对方。而处于热恋阶段的人，往往也把自己的心扉完全向对方敞开，愿意和对方分享秘密、委屈以及痛苦。

同时，他们也希望用自己的观点影响并左右对方的思

想，使双方在思想上保持一致。所以说，热恋中的男女，彼此间是没有秘密的，有的只是说不完的知心话，仿佛世界上只有对方是最能够了解自己的、理解自己的，在这样的情况下，我们就要明白爱情到底需要什么样的恋爱心理。为此，一位心理专家指出："热恋中的男女，总觉得对方是比自己还重要的人，会产生'只要对方高兴，自己做什么都心甘情愿'的想法。什么都想为对方去做，什么都愿意为对方去做，无论怎样都想让对方更好，这就是热恋时没有自我，只有对方的心理。"从爱情心理学的角度出发，需要恋爱中的人们知道以下几点：

1. 从相互的好感不知不觉地走向爱慕

双方因为一切都太过自然而相互产生好感，愿意在一起，在一起的默契又无形中增进了好感。因此，在这样的过程中，很多人并不认为自己已经恋爱，已经和对方产生感情。而多数人也没有想过两人的未来，一切只求顺其自然。

2. 朦胧不确定，看上去很美好

一个人很可能同时有好几个"看上去，感觉还不错"的异性朋友，并且和他们保持一种很朦胧、暧昧的关系。这是因为自己还不知道爱的标准是什么，爱对方的是什么，是否

真的已经在爱对方。对于这些问题，大脑中还是一片空白。

3. 对爱情不懂得保留

人们常说，初恋是人生中最美好的，没有一丝掺假的感情。很多人的初恋只是因为单纯的喜欢而和对方在一起，因为这时的他们，对于爱情是不懂得保留的。而这样的感情，往往容易难舍难分，并希望永远地在一起。

4. 直觉告诉我那是爱——神秘

很多人说："初恋时我们不懂爱情，但直觉告诉我们那就是爱。"也正因如此，爱情才更具有神秘感，更加让人神往。初恋是我们开始了解爱情的一个必经阶段，也是最重要的阶段，因此，更神秘的爱情由于初恋而向我们打开一扇门，让人看到里面的美好，所以初恋者心里的第一个感觉就是神秘。而对将来的不确定，自己的羞怯和初恋者年龄比较小等原因，大部分人是向父母、老师、朋友以及长辈保密的，这就更加深了初恋的神秘感。

5. 总会情不自禁地笑——幸福

很多人因为有了那个"他"或"她"，会感到格外地兴奋和幸福，只要一想到"他"或"她"，就会情不自禁地微笑，整天笑意盈盈，感觉快乐、幸福，只想在一起。

双方都会急切地想知道自己在对方眼里究竟是什么样的，对方究竟把自己放在什么位置上，并希望更多地了解对方。可以说，对方的兴趣、爱好、喜欢什么样的异性都是自己关心的内容。

6. 难以控制的亲密行为——冲动

初恋中的时候经常会有冲动的感觉。比如想要尝试着拉对方的手，并和对方有亲密的行为。由于这是双方都不了解的领域，又比较不理智，不容易控制自己的冲动而任凭感情驰骋，所以有时会做出一些过分的行为，为两人的感情和将来埋下隐患。

7.情人眼里出西施

这是从恋爱的心理转变得出的结论。毕竟热恋时的男女在对方眼中往往是最好的，对方的一切似乎都是那样地完美，无可挑剔。这是因为他们在自己的心里已经百般美化对方，并通过理想化、装饰化的思维去看待对方。认为对方什么都好，即使是发脾气的时候也是美丽的，可爱的，甚至被认为是"有个性"的。所谓"情人眼里出西施"，"恋爱使人盲目"说的就是这时的男女。

8.独占欲

随着恋情的逐渐深入，热恋中的男女会对对方产生强烈的独占欲。他们不愿意对方和其他异性交往，甚至连普通朋友也常常遭到怀疑。他们往往认为对方只是属于自己一个人的，并且十分反感第三者的出现，而独占欲的产生使双方想要以不同的方式来证明对方只是属于自己一个人的。男性表现为急切地想要和对方发生肉体关系，女性则表现希望为他打理一切，以体现母爱的行为来得到这方面的满足。

需要注意的是，男性很容易接受女性的这种做法，但如果女性都做得太过火，他就会产生厌倦心理，觉得自己没有了自信，女性什么都管着他，从而使两人之间产生矛盾。而女性是不太容易接受男性的这种要求的，经过几次的拒绝以后，男性就会误会女性不爱自己，不愿意毫无保留地接纳自己，也容易导致双方的矛盾。

第二章

该放手时就放手

放手让爱的人走

　　在这个变幻莫测的年代，有件事情是永恒不变的，那就是众所仰望的爱情。然而，在现实世界里的爱情，完全不如电影中描述的那般浪漫美好，令人感叹。

　　人类对于爱情的信仰恒久不变，但是爱情的内容与角色却是千变万化，诡谲莫测。爱情带来的也不只是美好的层面，同时包括了背叛与伤害。然而尘世间的男女，仍然对爱情怀抱着不切实际的渴望。爱情就像是一场跨世纪的万年慢性传染病，凡是人类皆无一幸免。

　　只是现实世界里的爱情，完全不如罗曼史小说与浪漫

电影中描述的那般美好。真实生活中的爱情，往往演变为外遇、情杀、家庭暴力等等足以登上报纸的怪异情节。当我们不断在爱情轮回里重复地扮演背叛者与受害人、为情所困者与困人情感者，令人不禁疲惫地感叹，难道我们不能拥有更美好的感情生活吗？

现代人的爱情，到底出了什么问题呢？归究其中的原因，作家曹又方表示："我们从小到大，所有的精力与才华都放在求学与工作上，感情的花园自然是一片荒芜。"

这意味着虽然我们外在的年龄已届成人，然而在感情历练上，大部分的人还停留在小学阶段。因此，若想要在尔虞我诈的双打游戏中赢得爱情，光仰伏仗外在的魅力与条件是不够的，爱情和政治一样，更需要高明的技巧及冷静的头脑。

一个卷入不伦之恋多年的女子，迟迟不能走出这个其实对她来说已经是苦远多于甜的关系。她说："我忘不了那些他曾经给过我的浪漫、深刻的爱的感觉。"

一个男朋友出轨多次，尽管痛苦却始终不愿分手的女人则说："和他在一起这么多年了，要分手，我不甘心！"

当爱远走，无论它是发生在自己或者对方身上，放弃和放手都是唯一的出路。因为无法放弃曾经有过的美好感觉，

无法放下曾经拥有的执着，就会让更多不美好的感觉压在自己的肩上、心上；让自己和对方一起痛苦纠结，究竟惩罚了对方？还是惩罚了自己？自己绝对是被惩罚最深的一个。因为你剥夺了自己重新开始享受快乐和幸福的权利。

放手让爱的人走，并不是一件容易的事。但是，这却是惟一的方法。否则，我们应付支处在无限的痛苦、气愤和沮丧之中。

所谓放弃和放手的艺术，并不单在爱情消逝的时候存在。事实上，当爱情在的时候，就懂得放手的智慧，往往是更积极的治本的方法。

从小到大，在每一段关系里，我们都是在寻找着一方面与人连接，一方面与自己连接的双向路线。也就是说，尽管再亲密，我们也需要拥有自己的空间。无论是亲子关系、家人关系、朋友关系都是如此，爱情关系当然也不例外。如果失去了这样的空间，我们很快就会觉得被束缚，觉得窒息，觉得痛苦。

一个苦者对和尚说："我放不下一些事，放不下一些人。" 和尚说："没有什么东西是放不下的。" 他说："可我就偏偏放不下。" 和尚让他拿着一个茶杯，然后就往里面

倒热水，一直倒到水溢出来。苦者被烫到马上松开。 和尚说："这个世界上没有什么事是放不下的，痛了，你自然就会放下。"

因此，当爱还在的时候，懂得放手，给爱一个空间，就是一件很重要的事情。其实，如果仔细而深入地思考一下，如果我们在爱里面要求仅仅双方黏在一起，往往是因为害怕、缺乏安全感、嫉妒，所以要把自己生命的意义和重量交在对方身上，而不是因为爱。

有一个词叫"全身进退"。大概意思是指不论在什么情况下，都能在付出的时候全心全意地投入进去，在离开的时候毫无牵挂地抽身而去。古人都知道，"吾不能太上之忘情"，这种全身进退的理想状态，不知道在真正的生活里，有几个人能做到？

有人说爱的反面其实不是恨，而是淡漠。这真是一句真理。爱一个人的时候，情感都是激越的。他关心你，你便想以十倍、百倍的爱去关心他；他拥抱你，你便想以更多更有力的拥抱去回应他；哪怕是他犯了什么错，有了什么失误，让你对他恨得牙痒痒时，你也会想狠狠地想用尽全力去揍他、掐他、打他，反正无论如何，都绝不是无动于衷地不理他。

　　除非是爱到殚精竭虑，心灰意冷，彻底绝望，心中已经不再有火花，甚至连那些燃烧过后的草木灰也没有了一点儿温度。这种时候，想不淡漠都难。从此对你形同陌路，对你的一切也不再有任何的回应。没有余恨，没有深情，更没有心思和气力再做哪怕多一点儿纠缠，所有剩下的，都只是无所谓。有一天当发现对于过去的一切你都不在乎，它们对你都变得无所谓的时候，这段爱肯定也就消失了。

　　但有一点不能忽视的是，爱情对于女人来说更显得重要，女人把爱情视为生活的全部，一旦爱情出了问题，那么她整个的生活也处于混乱的状态，所以，对待爱情女人要慎重把握。

给旧爱一封笑忘书

谁都希望能与恋人白头偕老，然而，世事无常，当你陶醉在耳鬓厮磨、卿卿我我的恋爱中时，甚至是在你已经和恋人商议如何布置新房时，心爱的人却要在乘坐你的两人汽车还没到站时提前下车。于是，失恋的事实毫不留情地猛击你一掌。

对多数人来说，失恋的最初反应或是拍案而起，将不失"温柔"的绝交信撕成满屋飞舞的碎片，口是心非地狂呼"随他（她）去"；或是将自己关在房子里猛的抽烟猛饮酒，受伤的心灵浸泡在麻醉中，整夜不眠；或是一时性急，

毫不理智地"一哭二闹三上吊"……

　　有个女孩失恋了，一个人跑去酒吧买醉。待喝得酩酊大醉之后，便开始旁若无人地大哭起来。一位好心的男侍者跑去问她是否有所不适，结果被她一把拽住衣领死活不松手，口里直嚷嚷着："你为什么不爱我了？"满屋子的顾客死盯着看热闹。那位男侍者的尴尬自然是不需言表便能想象，醉酒的女人特别有股蛮力，他拼命挣扎也脱不了身。最后惊动了经理过来替他解围时，恰逢女孩一阵翻江倒海地呕吐，吐得猝不及防的经理与侍者满身都是。吐过后她便倒在一地狼藉中昏昏睡去，怎么叫也不醒。束手无策的经理只得查看她的随身手袋，找到了她的亲友联系电话，叫人来把她抬走了。这年头，好事不出门，坏事传千里，不用一天工夫，她在酒吧里的那场闹剧就传得尽人皆知了……

　　失恋虽然让你一时陷入痛苦的深渊，甚至对生活失去了希望和留恋，但是在大庭广众之下，这样子宣泄自己内心的伤痛与情感，实在是一件非常不明智的事情。于己没有半点好处，说得不好听一点，只是徒然出丑罢了。

　　其实，人生本是丰富多彩的，爱情总有阴晴圆缺，谁敢

说自己会一生就只爱一次？再说失恋可以让你静下来好好审视自己，让自己变得更加优秀和成熟起来。正因如此，法国人习惯对失恋的人说："恭喜你摆脱了一个不爱你的人，恭喜你失去了一棵歪脖子树却又可以面对一片森林。"所以，虽然失恋后你的心会很痛，但也请擦干脸上的泪水，抚平心头的伤痕，洒脱地给旧爱写一封笑忘书吧！

1. 适当发泄情绪

当遭遇失恋时，别让悲痛、挫折感、愤怒一直堆积而啃食自己的身心。想哭，可关起门来尽情地哭；想叫，可找个无人之处用力喊叫；想倾诉，可找朋友或家人好好谈一谈。但发泄时千万要注意对象，不要任意找人当倒霉鬼，对他（她）乱发脾气、伤害无辜。

2. 不要自暴自弃

失恋后，你可以发泄，可以哭喊，可以喝酒，但是不可以自暴自弃。因为自暴自弃后的恶果将把你的身体、心理、生活搞得一团糟，最重要的是你失去了自信，这样用别人的错误来惩罚自己多傻啊！

3. 刻意去想他（她）的"坏"

恋爱是盲目的，失恋了，就该擦亮眼醒醒了。翻开情

海恩仇录中的罪状日记，想想他（她）的恶言恶行和薄情寡义，反复洗脑，务必叫自己愈来愈讨厌对方，讨厌到咬牙切齿、倒尽胃口为止（虽然分手的原因也可能是自己），这或许是让你完全抛去牵挂与不舍的最佳方法。如果这样还不过瘾，你可以找些原本就看他（她）不顺眼或对你很愚忠的朋友，一同举行"批判大会"，大家轮流批判那个人；让你好好发泄一下怨气。

4. 做出不在乎的样子

虽然不可能真正不在乎，但行动上这么说、这么做就会影响到内心。可以这样想："他都不在乎了，我为什么要在乎他？"或是"对待负心人的最佳办法就是让自己活得更好"，或是"你要看我难过痛苦，我偏不让你称心如意"。这些想法可帮助你不掉入恶劣情绪的旋涡。

5. 清除他（她）痕迹

把他（她）给你的东西一一过滤。把会让你回忆过往的东西通通丢掉，免得惹自己伤心生气。也不要去你们以前常去的地方，以免触景伤情，让自己情绪低落。

6. 不要试图和他（她）做朋友

最好不要相信"爱人做不成可以做朋友"的话，曾经

相爱的两个人分手后还可以从此纯净如水坦然处之，不是玩自欺欺人的成人童话，就是你"心怀鬼胎"希望力挽狂澜，重修旧好。所以，假如他（她）已经用事实表明了分手的态度，不管你是否多情，也不要试图和他（她）做朋友继续交往。否则，你就泥足深陷，不能自拔。

7. 与老友联络

可能你在恋爱期间，"重色轻友"不与老友联系，现在恢复单身了，还不趁此机会向老友们"自首忏悔"？有谁会像老朋友一样又了解你、又不怪你、又包容你、又疼惜你？跟他们在一起，你不用掩饰、自在自得，全然没有失恋之后的自我否定和怀疑，有助于找回自信和快乐。

8. 去旅行

参加旅行团或和一群朋友到异国、异地去旅行。异地的人文风情会让你耳目一新、视野拓宽，内心产生崭新的感受，旧有的烦恼就缩小、远去、淡薄了。

清除残留的爱与恨

当一段感情结束以后，往往会给人留下两种不同的感受：爱和恨。两个人尽管是"曲终人散"，但在这中间还会有人对以前的感情难以割舍，虽然对方已经狠心地离去，但自己还是对对方保持着那份痴情，使得自己难以重新做出恋爱的选择；还有人因为一段情感的失败，由爱生恨，陷入了情感漩涡，把恨化作对对方的报复，彻底毁了自己一生的幸福。所以，面对爱情的失败，要学会处理留在心里的爱与恨。

面对爱情的失败，有人留下更多的往往是恨。很多人恨

被对方抛弃，恨被对方玩弄，恨对方不再爱自己……很多人在恨对方的同时，还对对方施以报复，大有"宁为玉碎，不为瓦全"的拼命架势。一段失败的感情本来还有点凄美，本能给自己留下几分美好的回忆，结果却在自己的怨恨中变成了凄惨的事。没有无缘无故的爱，也没有无缘无故的恨。感情失败后的怨恨，其实在骨子里还是因为爱，爱到深处即生恨。但凡此类怨恨者，大都是觉得自己付出的比较多，可从对方那里得到的又比较少，这样两者就显得不对等。从某种意义上说，怨恨，就是觉得自己受了伤害、吃了亏，所以就想用攻击对方的办法来求得两者在"得失"上的一个平衡。一个男青年因女友离他而去，咽不下这口气，一天深夜，他点燃了浇在女友家住房上的汽油，顷刻间，熟睡在家中的女友及其父母、弟弟、妹妹五口人全被烧死。男青年被判死刑。所以说怨恨只能使人从中得到伤害、悲痛，真是伤人又伤己，到头来还是于事无补，只能把事情变得更加糟糕。

其实，因为感情失败而怨恨对方，是因为他没有想明白其中的道理。一段感情的失败，可能自己是最受伤害的人——本来已经很受伤害了，恨只会使你更受伤害。这段失败，可能只占你人生的极小一段历程，但如果因为心中有

恨，那就会因此毁掉一个人一生的幸福。面对玩弄你的人和抛弃你的人，不值得你去恨；不要以为自己曾经付出的都是真爱，其实不一定，你今天的恨就证明你并不是真心爱对方，所以不要觉得自己付出了很多。

更多的人在感情失败以后，还要继续寻找着自己的真爱。没有人喜欢还在为旧爱而大动肝火的人。一个男人为旧爱而怨恨，他不是一个大度的男人，更不是一个会怜香惜玉男人，这样的男人有失风度；一个女人为旧爱而怨恨，她不是一个性情柔美的女人，更不是一个有品位的女人，这样的女人极容易变成泼妇。所以，面对感情的失败，我们可以有一些幽幽的怨恨，但大可不必去恨得咬牙切齿，恨得大动干戈。我们不妨在幽幽的怨恨中回味曾经的那份美好，在回味中获得爱的经验，再用心去经营自己未来的爱情。

总之，面对感情的失败，要学会消化留下的爱与恨。把爱珍藏在心里，当作自己最美好的回忆；把恨消除掉，让曾经的美好占据自己的心，学会坦然地面对爱情的失败。

不要让爱情产生恐惧感

大多数女人结了婚以后，承担起家庭主妇的重任。她们在管理好家的同时也渐渐失去了女儿家的柔情。身份和地位的转变，使得女人更像一个家庭的领导，不断地向男人发出指令。这样的家庭生活对男人来讲意味着什么？如何成为一位好太太？如何关心理解丈夫，用爱心温暖丈夫，用温情化解家庭矛盾？这就需要爱的艺术。

曾经有一个很要好的朋友突然打电话给我，电话那端的他情绪低沉地说："我决定向我太太提出离婚。"在离婚率偏高的当今社会，听到这种消息，我的反应并不是很诧异，意外的倒是他告诉我的理由："你知道吗？结婚这十几年来，我几乎没有和我太太有过什么共同的感动。我们不曾一起阅读过一本书，谈过其中任何一个有趣的章节。我们甚至很少一起看电影，更别提看完电影之后，曾经就其中某一个场景、某一个片段，交换过什么感动的心得。"

听到这里，我深深地感到从恋爱的天堂回到婚姻的现实，我们的爱恨情仇就像是放在显微镜下，无所遁形，而人们所能做的却是指责与抱怨。

婚姻中明智的夫妻深知：一纸婚约并不能永远守住对方的心，激情总会冷却，浪漫总会乏味，唯有平平淡淡中相依相守的爱才是婚姻的生命。美满的夫妻特别注重用爱提高婚姻与家庭的质量。妻子不会整天拖拉着鞋蓬头垢面地面对丈夫，她总是把自己最漂亮、最精彩的一面展现给丈夫；丈夫不会一到家就脱下臭气熏天的鞋袜，吩咐妻子倒一杯茶、端一盆洗脸水来。妻子不会以洗衣做饭养孩子为由，扔给丈夫一张倦怠的容颜、一双冷漠的眼睛、一副粗俗的嗓门；丈夫不会因事业上的失意而给妻子一张苦涩的脸、一双欲哭无泪的眼睛、一副冷酷的嗓门。他们深知丢失了对方也就丢失了一切。

　　婚姻中会爱的妻子很注重提高自身的素质，她拥有自己的思想、自己的追求，这会使她永远充满活力，令她的丈夫不得不一次又一次地对她重新认识。婚姻中会用爱的丈夫，他在外干事业时，心中总装着温馨的家，并为之做不懈的努力，令他的妻子不得不感叹嫁这样的丈夫一生不悔。婚姻中会用爱的妻子明白：女人受到挫折还有丈夫的臂膀和胸膛可以依靠；丈夫明白：男人遭受失败还有妻子温柔的安慰。因此，妻子把家精心营造成一个温馨的小巢，带给丈夫以妻子的娇柔和母亲的宽容；丈夫把事业搞得轰轰烈烈，带给妻子以丈夫的刚强和父亲的伟岸，使妻子在细琐家务中得以自慰。婚姻中会用爱的夫妻深知与第一次婚姻相比，第二次婚姻的家庭关系将会更复杂，家庭成员的沟通会更难，夫妻间的相互接纳和适应会更需耐心，所以他们不会因为一时的软弱无助而匆忙投进另一个人的怀抱。努力做一个婚姻中会爱的人吧，让你的爱与婚姻同行，自始至终爱到生命尽头。

　　其实，当我们发誓要互相扶持，把许许多多毫不动人的日子走成一串串风景的时候，就意味着双方需要更多的爱心、勇气和责任心。有了爱心和勇气，当所有的浪漫幻想消失时，我们才会自我探索，自我检视，包容对方，接纳对

方；有了责任心，我们会变得踏实而专注，我们会更爱自己的爱人和孩子，更爱收留我们所有的悲伤和快乐的家庭，我们会因为家庭的需要而更努力上进。

生活中，我们不免会对爱情产生怀疑和心生厌倦，会有无聊与无趣的感受。我们在接受生活的同时，也接受了生活的平庸和琐碎，但我们要学会从这些生活的平庸和琐碎中体会幸福。爱情进入婚姻后的生活是平淡朴实的，没有炎热和光芒，却能给你一生的温暖和感动，睿智的人会守着这一份平淡伴着自己舒适地度过无数个寒冷的漫漫冬夜。

幸福其实就是酸甜苦辣咸几种味道的混合体，这需要我们自己来调剂，幸福与不幸福就看你调剂成什么味道了。人生真正的幸福就是一种对爱的感受，只要我们有一种感恩的心，幸福就会处处存在。

萧伯纳曾说："家是世界上唯一隐藏人类缺点与失败，而同时也蕴藏甜蜜之爱的地方。"一起生活，就要各自负起各自成长的责任，耕耘自己的心田，分享心灵的喜悦，当田园的果实丰收了，我们才会体会到：原来，爱就在我们身边，就在生活里，它来自平淡中的那一缕感受。

当爱情走到尽头时

当爱情终于走到尽头的时候，当他不会再对着你的新衣服目不转睛，你也厌烦了他身上的烟草味的时候，还是尽早提出分手比较好。但是如何分手，其中大有学问。正如张小娴说的那样："分手分得好，那个人会记住你一辈子，你留给她或他的依旧是美好的印象。"换言之，对你不爱的人，要硬下心肠。但也要讲究技巧，尽量不要伤害对方，毕竟你们曾经相爱过。

或许是缘分已尽，尽管自己心中对对方还有爱，但这已经阻止不了伊人留下远去的背影。于是，这段不再有的爱情，有一个人还在苦苦地守候着。很显然，很多人对于自己

一段失败的恋爱，会依然放不下心中对对方的爱。对这份"残爱"的执着，往往会祸及一个人的终身幸福。

首先，这种独自保留的爱，不能说明你对爱有多么忠贞，爱的意义有时不在于无意义的执着。

别人已经不再爱你，你的爱不会有任何结果，再对对方痴情，还有什么意思呢？有的人认为，自己曾与对方海誓山盟，不管对方怎样，自己绝不有违自己的誓言，大有不做负心汉或做一个贞节烈女的架势。事实上，对爱情的忠贞是有对象的，当这个对象失去的时候，那就是愚忠。现代社会不会崇尚"贞节牌坊"，而是希望每个人都能得到爱情的幸福。有时候，在感情上不先背叛，就是对爱情最大的忠贞，两个人分手后的重新选择，那是最明智的追求。

有句话是这样说的："爱他（她），就抓紧他（她）；爱他（她），就放开他（她）。"很多人不明白这其中的含义。大多数人都能读懂前半部分，可是就是不明白后一句话的意思。

其实，当你爱一个人的时候，你就要努力去追求，但当他不爱你的时候，你就要任对方去寻找自己的幸福，不要因自己的介入而破坏了对方的幸福。

　　杨丹两年前赌气与男友分手了，其实，在她的心里，一直还爱着自己的男友，她为那次分手后悔不已。当她今天与男友邂逅之后，心中的爱情更浓烈了。可是遗憾的是，男友已是有妇之夫，自己也将嫁给他人。两个人在酒吧中相遇，一起聊起了过去，似乎又回到了从前，像是幸福的一对。在闲聊中，杨丹得知他现在很幸福，还有了一个半岁的儿子。看着他望着自己那痴迷的眼神，杨丹很理智地拨开了他伸过来的手。那一晚，他们本可以在一起，可杨丹没有给对方机会。

　　杨丹明白，自己有与前男友破镜重圆的机会，但这破坏的不仅是对方的幸福家庭，更伤害了她现在的男友，对自己也不利。自己虽然能得到自己的最爱，但那种爱却是很自私的。看到自己前男友现在的幸福，杨丹心里有了一丝安慰。从此以后，她不再和前男友联系，因为她不想旧情复燃。杨丹心中的爱就这样慢慢消散开去。

　　所以，爱一个人，并非他的优秀，而只是一种感觉。他让你有这样的感觉，于是你爱他。同样，他不爱你，也并非你不优秀。优秀，不是爱的理由。看看还有那么多爱自己的人，淡淡地微笑一下，也是异样甜美的。

爱情没有谁对谁错

20岁的时候我们拒绝婚姻，30岁的时候我们向往婚姻，40岁的时候我们厌倦婚姻，50岁的时候我们宽容婚姻，60岁的时候我们享受婚姻。

有时候不是不懂，只是不想懂；有时候不是不知道，只是不想说出来；有时候不是不明白，而是明白了也不知道该怎么做，于是就保持了沉默。对于男人的"例假"现象，目前所能知道的甚少。由于社会和传统的偏见，这种现象很少引起人们重视，甚至成为男性世界里最大的丑闻。作为女人、妻子，应当正视男人的这种心理现象，并多加理解、关

心和呵护，帮助男人走出困境。

克服这种情况的关键是应该迅速地放松自己。例如做些体育活动、轻松的娱乐活动、洗热水澡等等。

对于莫名其妙发无名火的妻子来说，要善意地正视它、包容它、理解它；男人本身也要主动寻找缓解压抑情绪的方式，调节自己。这里提醒男人注意：一个高尚的人必须尽量避免因自己的过错而伤害别人，哪怕这种伤害是无意的。

这个阶段是男人较为脆弱的阶段，女人应从生活上给予男人更多的关心和照顾，并在饮食、起居、睡眠等方面加以调整，从而缓解男人不稳定的情绪。

一些男人误以为，越是精神高度紧张之后，越应该用性生活来调节自己。还有些男人把某些文艺作品错当成性学著作，误以为性生活可以当作"强心剂"来用，还以此来反驳科学。其实，这是只知其一，不知其二。性生活对男人的精神状态有时确实会产生调节与强化的作用，但前提条件是男人在此时此刻必须是心理放松的，没有心理疲劳的积累，也没有那种用性生活来消愁解闷的过高期望。否则，只能适得其反。

这里的关系是：放松在前，性在后，而不是通过性来放

松。日常生活中常常可以发现，越是在高度紧张之后，没有自我放松就寻求性生活，性生活的质量就越低，甚至带来不良的反应和感受，影响到日后的性欲。

也有另一种情况。有些男人在从事高度紧张的精神活动时，如果时间不那么长，往往会不由自主地联想到性方面的事物，从而似乎是突然地勃发出性欲来。越年轻的男人越容易出现这种情况。这也不奇怪，因为大脑皮层的各种兴奋中枢都是可以相通的。其他方面的兴奋，如果没有造成疲劳和抑制，那么就没有什么影响。如果自己估计对后来的工作不会造成什么不良影响，时机又合适，那么顺其自然也就是了。

总而言之，对待男人的"例假"现象，男人应该正视这种心理现象的存在，有必要的话，可以与心理医生进行沟通，缓解心理压力。作为女人，应该理解和关心你的男人，尽可能地安抚其烦躁的心情。

现代人追求生活的质量，人对物质生活的美好憧憬是无止境的，但如果让女人在物质享受和琴瑟和谐二者之中选择其一，可以说百分之百的女性会毫不犹豫地选择后者，女人走进了婚姻，就把自己一生全部的希望寄托在她所信任的男人身上。

　　婚后的男人也一样，他对女人不但依赖，而且听命。因为家中有贤妻关爱，男人深深感受到有家的感觉真好。家也因而成为男人"休憩的港湾""温馨的乐园"……为了不辜负妻子的期望，男人往往在事业上更加发奋，更有长进，更有成就。

　　"家"是女人一生所追求的最宝贵的东西。对于女人而言，家的意义就更大了。"家"是女人心灵的归属，是女人用来保护自己的庇护所，是摆脱世俗烦恼的屏障，是一个安静又安全的地方。温暖的家，更是支撑女人生命的动力。

　　不是爱情维持婚姻，而是婚姻让爱情永恒。"执子之手，与子偕老"，能够厮守一生，终生相伴，携手到老，躺在摇椅上听着《最浪漫的事》，是人生的一大幸事。

　　日本著名言情女作家、已结了婚的柴门文谈到对爱情的看法时说："现在妻子对儿女的爱更深，对丈夫的爱只是一种感情"，还说"回归家庭是女人的天性"。这让定位为最懂爱的张小娴失望，她在文章中写道："写了许多扣人心弦的爱情故事的女作家，最后却告诉我们，爱情终究会消逝。一个女人最后的归依，是家庭、是儿女。多么璀璨的爱，多么激荡心灵的情，我们流过的眼泪，伤痛的回忆，刻骨铭心

的对话，情人的体温，多像是听来的故事，随风逝去……恋爱最终的渴望是婚姻，谁知有了婚姻后，女人却变成他儿女的母亲，丈夫变得生活的伙伴……来日岁月，是否太早令人吹嘘？"在张小娴看来，在婚姻里强调亲情，大约就是对爱情已死的一种宣告，而亲情的婚姻也一定是失落的，可怕的，甚至是悲剧的。而我倒不这么理解，相反，我觉得柴门文对爱情的理解更深了。当一个人对某个学问由原来的部分精通，达到对所有部分的精通时，结论一定是不一样的。对于婚姻，我相信，没有亲身经历过的人，一定不会有深刻的领悟，即便如张小娴一样聪明的女人。

婚姻就像是参考书，没有它会让你担心学不好人生的功课，但是如果你下决心认真去学，那么没有参考书也能毕业。现代人必须面对的问题不是如何去获得美满的婚姻，而是要不要选择婚姻。

第三章

爱情需要空间

坚守自己的爱情底线

爱是有生命的，像一棵奇妙的植物，不要以为栽进婚姻的花盆就万事大吉了。它还需要夫妻双方为它浇水、施肥、修剪，才能保持最初的鲜亮与芬芳。

心理学家德斯考尔等人在对爱情进行的科学研究时发现，在一定范围内，父母或长辈干涉儿女的感情，这青年人之间的爱情也越深。就是说如果出现干扰恋爱双方爱情关系的外在力量，恋爱双方的情感反而会更强烈，恋爱关系也会变得更加牢固。这种现象就被叫作"罗密欧与朱丽叶效应。"

　　在莎士比亚的经典名剧《罗密欧与朱丽叶》中，罗密欧与朱丽叶相爱，但由于双方世仇，他们的爱情遭到了极力阻碍。但压迫并没有使他们分手，反而使他们爱得更深，直到殉情。"罗密欧与朱丽叶效应"由此而来。这种效应产生的原因在于青年时期是人的自我意识走向成熟的时期，逆反心理是他们的重要特征。主要表现为愈是禁果愈想吃，愈是受阻愈狂热的行动。另外，爱情是青年人心中的圣殿，也是他们成熟和独立的标志，捍卫爱情是他们共同的追求。他人的干预只会使恋爱双方消除一切隔阂，更加亲密，甚至相依为命。

　　美国社会心理学家布莱姆在一个实验中，让一名被试者面临A与B两个选择，在低压力条件下，另一个人告诉他"我们选择的是A"，在高压力条件下另一个人告诉他"我认为我们两个人都应该选择A"。结果，在低压力条件下，被试者实际选择A的比例为70%，而在高压力条件下，只有40%的被试者选择A。可见一种选择，如果选择是自愿的，人们会倾向于增加对所选择对象的喜欢程度，而当选择是被强迫的时候，便会降低对选择对象的好感。

　　为什么会出现这种现象呢？这是因为人们都有一种自主的需要，都希望能够独立自主，而不愿意被人操控。当别人

把他们的意见强加在自己身上，当事人就会产生一种抗拒心理，排斥自己被迫接受的事物，同时更加喜欢自己被迫失去的事物，正是这种心理机制导致了罗密欧与朱丽叶的爱情故事不断上演。

一名将近30岁的女性，一直生活在父母的呵护下，具有令人羡慕的家庭背景和教育背景，个人爱好也颇多。工作中她兢兢业业，深得领导的首肯，但个人生活却始终没有找到可以停泊的港湾。可以说，她根本没有谈过一次真正意义上的恋爱。从参加工作到现在，亲朋好友介绍的人她也见过不少，但都无疾而终。她也知道"人无完人"的道理，但对对方的缺点她就是不能迁就，尽管她心目中并没有一个框框来描述理想中的"他"。

随着身边人的陆续恋爱、结婚，无形中给了自己很大的压力，无论从哪方面讲，她的条件都十分优越，她不是独身主义者，也好想好想谈恋爱，但不知怎的就是不能进入状态。

这位朋友的困扰，道出了许多人的心声。不止在中国，在美国和世界上很多地方，都会有很多人憧憬爱情，但却没有办法坠入爱河。他们希望有那种"来电""一见钟情"或

"失魂落魄"的激情。事实上，这种感觉虽然非常迷人，但从心理学的角度来看是非常危险的！

因为当所谓的"爱情激素"（PEA，中文叫苯乙氨）被激发的时候，人常常会在意乱情迷之中失去理性。在还没有看清楚对方到底是谁之前，就把感情放了下去，产生了心理依附，进而带来许多痛苦。

根据美国耶鲁大学斯丹伯格博士的研究，激情只是爱情三大成分中的一种。除了这种"火辣辣"的激情之外，还有细水长流、温暖的友情和亲密感，第三是意志上的委身，就是不管是福是祸，都要相守一生的承诺。

犹大大学的戴门博士的研究，是用"性吸引力"和"心理依附"两者来了解爱情关系的。其实，我认为他所提出的这两个要素，基本上与斯丹伯格博士所描述的激情和亲密感是一致的。因为，激情、性吸引力，都跟人的"性荷尔蒙"有关系。大部分时候，爱情关系都是从这个地方开始的。先有性的吸引力，然后有一种冲动，或者说强烈的动机想要在一起，最后才产生心理依附。

但是请大家想想，事实上，也有很多婚姻是先从友情和心理依附开始的，比如说中国古代"媒灼之言"的婚姻。

在现在的美国，一些来自印度的高级知识分子，他们结婚的时候，仍然是由父母替他们选择对象。他们有一个相当好的折衷办法，父母先替他们挑选五个人，再由子女从中挑选一个。我觉得这也不失为一个好办法，有理性的好处，人不会随便冲动，先去彼此了解、建立友情，最后才产生恋情和激情。当两个人已经产生心理依附要分开时，就很容易产生这种感觉，所以说"小别胜新婚"是没有错的。

对于这上面所述的那位朋友的情形，心理学家给出了以下说法和建议：

第一，我想要了解你的父母亲的婚姻关系怎样？他们的亲密感如何？他们怎样表达他们的冲突？

第二，你跟你父母的关系怎样？是不是心理上能够感受到他们的疼爱？重点是心理上是否觉得很"亲"（或很"黏"）？

第三，你跟你的朋友们够"亲"吗？你有没有至交好友？有没有可以吐露心声的人？你与好友分开时会不会依依不舍？

因为如果一个人不了解自己的情绪跟别人的内在情感世

界，他就没有办法跟别人建立那种"心连心"的亲密感。其实，我们开始谈到了EQ，就是"情商"。

你说亲友们所介绍的人中没有一个你喜欢的。我认为这没有问题，我们不要勉强去喜欢谁，人不可以被勉强去喜欢别人的。事实上，压力越大越糟！所以这种情况我个人觉得OK，你不要担心这件事情，我也不认为是因为你标准太高。

但是，刚才我问的那些问题很重要。除此之外，我还想问你在这一生中有没有曾经喜欢过什么人？这个问题也很重要！因为人性使人在成长过程中，会喜欢上老师、同学，甚至爱上电影明星……这些都是很正常的现象，重点是：有没有喜欢过？

最后，心理学家认为重点是："不要因为你的朋友都在婚姻中，你就有压力，因此而受到这样的精神侵略。因为压力越大你的状态会越糟，其实三十几岁，我觉得都还很年轻。不见得非要赶快结婚，然后离婚，然后又结婚，对不对？心理学家觉得，人生要随缘，要放松一点，甚至有些人到60岁才找到他们的灵魂之伴侣呢。"

所以，心理学家鼓励她先放松一些，去做一个快乐的单

身女人：

你说你工作非常努力，但是请你千万千万不要把爱情当成是一种非成功不可的工作。因为如果你越把它当成工作，与找到成就感的结果就越反其道而行之。你越放松，越能够随缘，爱就越容易出现。这是人间很有意思的道理！

另外，你还提到你个人有很多喜好，我非常喜欢这一点。继续发展自己的兴趣，让生命过得更丰盛，练好自己的"彩绘笔"，等到好的风景出现时，你才会画得更好！我还建议你去参加一些兴趣团体，当然，参加婚礼也很好，因为婚礼活动中，也会有比较多的适龄青年，认识人的机会可以增加。这些活动都帮助你创造一个快乐、有意义、有生命力的人生。同时，在发展自己内在美与兴趣而并不是刻意寻找的时候，很多更合适你的人会被你吸引。

更为重要的是，你要知道爱情不等于婚姻。婚姻是实实在在的过日子。风花雪月的爱情，是不能当饭吃的。父母总比我们想的长远些，所以，他们的顾虑自然也就会多一些。不被父母认可的爱情，真的应该慎重的考虑清楚。父母不认可自有不认可的理由，天下父母没有一个不希望自己的子女

将来过的幸福。如果你选择的爱情，在父母眼里，没有最起码的安全感，让父母看不到你们美好的未来或者更好的前景，他们自然会站出来反对，不接受你所选择的爱情，因为他们不放心。

或许父母确实在你们的婚姻话题上存在着某些错误或者彼此不同的观点，但是，不管怎么说，他们的出发点都是好的。你要理解他们的良苦用心，然后尽可能地去消除他们的顾虑，赢得他们的支持与祝福。就像陈燕和陆飞那样，做出点实实在在的成绩来，再顽固的父母也不会不通情理的。

恋爱中的人们不要被"罗密欧与朱丽叶效应"所困扰，如果你认为选择的是一个可以托付终生的人，就不要害怕别人的阻挠。理性地去跟父母沟通，在你需要父母理解和支持之前，你首先要先理解自己的父母。耐心地向他们讲述你们的爱情以及为了幸福婚姻而奋斗的决心。当你决定要积极、坚强地面对自己的感情和生活时，我相信总有一天你的父母也会为之动容。

不要尝试改变对方

不少女性到失恋时，再来维护自己的爱情已为时太晚，于是哭闹、不甘、寻死觅活、报复、还有就是破口大骂：这个时代没有一个好男人。而那些男人则可能一脸无辜地摊开双手，耸耸肩膀说："好傻，我有什么办法？"爱一旦遇上问题，就有这么一个大问题：男人坏，还是女人傻？

其实，对方永远只是一部分。要有自己的社交圈子，别一谈恋爱就原地蒸发，和所有的朋友都断了往来，这只会让你的生活越来越狭窄。

不要以为你告诉了他，他就会按照你的要求去做。当

我们希望是到既定的结果时，一定要为对方的接受程度考虑。比如他在刷过牙后总忘记把牙膏盖盖上，你就多说几句"请"，而不要向他频频甩出"不要""不准"之类的话，那样他一定会欣然接受，而不会恼羞成怒，破罐破摔。

每对夫妻都是怀着"白头偕老，永结同心"的美好愿望走到一起的，但生长自不同环境的两个人，无论心灵如何契合，都难免会有冲突。这时，有的夫妻之间便总想改造对方，想让对方按照自己的意愿行事，对方稍有不从，心里就不高兴，甚至大发脾气："你最好改改脾气！""你为什么不能勤快一点？"

不管你在家里把老公当电饭煲还是当吸尘器，一旦涉及他的面子时，一定要小心谨慎，就像手捧一件古老、珍贵的瓷器。给他足够的面子，才能获得"高额回报"。

可"江山易改，本性难移"，何况人还有一个重要的潜意识的心理追求，那就是要有自己的自由空间，不想受到他人的干涉。因此，夫妻之间相互"改造"的结果常常适得其反，被"改造"的一方不仅丝毫没变，还被诱发出强烈的对抗情绪，凡事针锋相对。时间长了，矛盾日积月累，恩爱全消，不少夫妻因此分道扬镳。

　　一个人的习惯是多年来形成的，不可能一下改变，况且许多习惯无所谓"好"与"坏"，也并本是原则性的问题。所以，夫妻双方爱情要长久，就不要妄图去改变对方，要求对方按照自己的意愿来生活，而应该学会改变自己以适应对方，如丈夫爱吃大蒜、辣椒，你不必要求他戒除，或者干脆自己也学着吃一点，这样做不仅可以消除许多摩擦，还能促进夫妻关系和睦。

　　冯媛就是利用这个办法将曾经几乎破碎的婚姻挽回的。恋爱时期，丈夫对冯媛说的最多的一句话就是"我爱你"。当走进婚姻以后，冯媛就想让他用实际行动证明给自己看。

　　可是，结婚头几年，冯媛与丈夫之间却总是磕磕碰碰，两人常常为了一点微不足道的小事就闹矛盾，甚至闹到要离婚的地步了。为什么会这样，冯媛苦苦寻求答案。最后她发现问题的症结所在，那就是他们两人都想改变对方，让对方适应自己，且互不让步。

　　后来冯媛想，我既然深爱着丈夫，为什么就不能为他改变，以适应他呢？于是，她开始努力调整自己。丈夫不愿逛商场，冯媛就不再勉强他，而一个人去；丈夫喜欢独处，不

喜欢朋友到家里来造访，冯媛就主动去看自己的好友，尽量在外面同友人相聚。

一段时间后，冯媛发现丈夫也有了很大变化，他开始主动提出陪冯媛上街；冯媛的朋友到家里来玩，他热情相待……不知不觉，小两口恩恩爱爱，冯媛常常幸福地在丈夫耳边低语："你对我真好！"而这时，丈夫也总是把她拥在怀里，深情地说："你为我改变了自己，我更应该为你改变自己啊。"

是啊，人在一生中，如果你不能改变你周围的环境，使环境适应你，那么你就要改变你自己，使自己适应环境，否则，你将无法生存。夫妻之间也是如此，如果你改变不了对方，不能使对方适应你，那么你就要改变你自己，使你自己适应对方，只有这样，夫妻之间才能和睦相处。如果你既改变不了对方，也改变不了你自己，那么，你们之间的差异会随着时间的推移越来越大，最后导致夫妻关系的名存实亡，甚至会走向离婚。

爱情是需要空间的

　　爱情是需要空间的，尤其是在两人密切的结合之中保留些空间，这样才能让天堂的风在你们之间舞蹈。彼此相爱，却不要使爱成为枷锁，让它就像我在你们灵魂之间自由流动的海水。

　　但是，很多人却不懂得这这个道理，他们不给爱情空间，甚至让父母来把这个空间挤得死死的。

　　林晓晓是家里的独女，她的婚姻，父母自然是要"把关"的。那一段时间，林晓晓交往了一个有妇之夫。他以每

　　天一封信的频率向林晓晓示爱，林晓晓也陶醉在他的"甜言蜜语"里。父母很快便得知了此事，他们严厉地对林晓晓讲："他有老婆，你不能和他交往，不然，就是毫无道德地充当了第三者！"一语惊醒梦中人！于是，林晓晓对那个大自己好多岁的男人讲了一句她自己都挺感动的话："我情愿你说你更爱你的妻子。"没有开始，就已经结束，林晓晓欣慰地想："还好，我没有当第三者。"

　　后来，林晓晓又认识了一个外表英俊、年龄相当的男孩，他每周都要抽空到林晓晓家玩，他对林晓晓说："从普通朋友做起，以后再发展成为恋爱关系，再组织家庭。"林晓晓鹦鹉学舌一般告诉老爸老妈，二老看出问题了："他年纪轻轻，却没有正当的工作，他靠什么来生活？他有什么资本来'组织家庭'？有家的男人很幸福，可养家的男人多辛苦？你不能昏头！连做普通朋友都要谨慎。"在接下来的交往中，男友读出了林晓晓父母"拒之千里"的意思，不好意思上门，就让林晓晓去他家。那天，林晓晓第一次去了男孩家，到了之后，只见房子是那种简陋的毛坯房，没有装修，

里面更是小得可怜，只有一张小床、一张桌子以及一些必需的生活用品，没有电视机、电冰箱，唯一贵重的家庭用品是一个取暖器……林晓晓有些震惊！说实话，她还没有看见同龄的朋友有这种生活状态的……想起父母的话，林晓晓庆幸没有做出让自己后悔的事，如果不听父母的话，一时冲动和他在一起，而他既没有工作、没有收入、也不图进取，那不是要喝"西北风"吗？后来，林晓晓礼貌地跟男孩分了手，这样做并不是因为"嫌贫爱富"，而是因为林晓晓明白：他给自己的爱，是一份不及格的爱。

对于子女而言，父母既是教导的严师，也是把关的大门，他们拥有丰富的阅历和经验，能为子女提供最有参考价值的建议，并能严防子女不误入迷途。就算是讲究"门当户对"，也是为了让子女"平起平坐和所爱的人相爱"。更重要的是，从旁观者的角度，父母更清楚你的为人和个性，知道什么样性情的人会适合你。所以，想找到理想的伴侣，不妨让父母来"把关"。

当然，父母在为子女"把关"的过程中绝对不能带着"有色眼镜"，否则选出的结果就不是"真金"，而是个

"赝品"。

作为你的父母，在你恋爱时，不管提出怎样的意见，他们最终目的，也只是希望自己的子女能有一个美满的婚姻。在你婚姻自主的同时，也要顾及父母的感受，在自己幸福恋爱的同时，也要让父母感到欣慰，这样，爱情才会更美好。

有些时候，爱情是我们手中的气流，抓得越紧，它逃逸得越快。所以，我们要给爱情留白，只有空间适当，爱情才会健康成长；又有些时候，爱情是我们心灵上的风景，只有处于确切的位置，才能读出它的韵味。我们要和爱情保持一定的距离，学会多角度、多层次地欣赏它，这样的爱情生命才会长久。

衡量爱情的距离

　　我们知道，婚姻自由在中国已经很普及了。在爱情的道路上，父母往往都会给子女一定的自由选择的空间，他们让自己的子女选择自己最爱的人。可是，他们很多人也会左右子女的爱情选择，父母的意见往往成了年轻人在爱情道路上的一道门槛。

　　从前的相亲结婚，父母亲的意见占有绝地的地位，有时与本人的意见相左时，也只能含泪委屈结婚。如今社会的进步否定了婚姻上的父母之命，所以当事人的自我决定为第一要件，这是可喜可贺的。但自由恋爱中，有时也有走到另

一个极端的做法，即完全随自己的意，而完全排斥父母的意见。结果，一些人踏错了人生第一步，以后便尝尽有如地狱般的苦楚。

我们知道，作为父母来说，为了子女的幸福，应该给予子女在恋爱、婚姻上的自由；但作为子女来说，在对象的选择上，能赢得父母的赞许也是爱情美满的关键。可以这么说，爱情往往都不能纯粹地撇开父母的意见。

作为父母来讲，给女儿选夫婿，所有的父母都非常重视，一到了适婚的年龄，他们早就闲不住了，东家说，西家问，但凡有年纪相仿的未婚男青年，都要问问："对方的条件怎样？"以备作自家女婿的人选。

现如今，主流的标准通常是：要有稳定的收入，上过大学，长相要好，个子要高，要有责任感，家庭条件要好，父母要有退休金和保险……对大多数父母来说，标准就是衡量一个未来女婿好坏的最重要的条件，甚至要用这个"标准答案"来为未来女婿打分，但凡高分者必是未来岳父岳母眼中的"金龟婿"的上佳人选。

而对女孩们来说，也会对未来婚姻中的另一半充满幻想："我希望以后的丈夫是一个个子很高，长相很帅气，家

里有钱，自己有事业，有爱心，很宠爱我很爱我的完美型男
人。"年轻的时候我们还会特别羡慕言情小说里的那些女主
角——总是会和人们理想中的完美男人结为连理，从此过上
幸福的生活。故事通常到此结束，完美的大结局让我们对未
来的婚姻生活充满了期待。不管是女孩子自己还是她们的父
母，都希望嫁给一个综合分数高的男人，去完成一本现实版
的言情小说。

但生活的现实版与小说大相径庭，怀揣这类幻想的女
孩子们决是难以如愿，或是羡慕那些嫁给"十分"男人的女
人，或者在与"十分"男人结婚后发现自己并不幸福。

前者的内心会有诸多的怨恨，会为自己感到不甘，悲叹
自己的运气不好，怎么没有嫁给更好的男人；后者八成也会
终日惶恐不安，总要提防这个"十分"男人被更优秀的女人
挖了墙角。而这些"十分"男人的优越感多半也会在平常的
生活中流露出来，让女人感到压抑。

其实，不管是"十分"，还是"九分""八分"，都只
是大众化标准，每个女人都是不同的个体，适合她们的男人
自然也不同，实在不必把大家认为的"标准"附加到自己身
上，也许适合别人的理想标准并不适合你，别人眼中的"条

件不错"固然是需要考虑的条件之一，但绝不是决定性因素。因为选择婚姻与选鞋子一样，合不合适只有自己知道，最忌贪图鞋的华贵而委屈了自己的脚，不管从哪个角度来说，脚都比鞋重要得多。

有个网友在失恋后大彻大悟道："他很帅，却不是我的菜。"这句话其实具有普遍意义，得十分的男人未必真的适合你。婚姻最高的境界不是找到那个条件最好的人，而是找到一个合适的人，过上和谐的生活。

其实，男女在爱情的选择上，也应该要为父母考虑一些。现在很多年轻人在家都是独生子女，父母对孩子的期望非常大，像谈婚论嫁这样的大事，对于深爱着子女的父母来说，他们无法完全让年轻的孩子独自做主。再者，按照中国人的传统，孩子所选择的对象，是自己年老时的半个依靠，有的还可能是自己家业的继承者。所以，子女的爱情选择，更多是考虑的爱，而父母会为子女考虑得更多。这样，现实中很多人在选择自己的所爱时，往往会与父母的意见产生分歧，这给两个人的相爱增添了障碍。生活中往往会存在这样的现象，面对子女的选择，父母不提出反对，但也不会流露出欣喜，这往往会造成以后生活的矛盾。更有较为极端的父

母，他们会明确向子女提出反对意见，让子女在爱情的道路上进退两难。

心理学家把爱情中"越是艰难越向前"的现象称为"罗密欧与朱丽叶效应"，当出现干扰恋爱双方爱情关系的外在力量时，恋爱双方的情感反而会加强，恋爱关系也因此更加牢固。这是有关爱情的一种"怪"现象。

心理学家德斯考尔等人研究发现，在一定范围内，父母或长辈越是干涉儿女的感情，这对青年人之间的爱情也就越深。这主要是因为对于越难获得的事物，在人们的心目中地位越重要，价值也会越高。心理学家以阻抗理论来解释这种现象，他们指出，当人们的自由受到限制时，会产生不愉快的感觉，而从事被禁止的行为反而可以消除这种不悦。所以才会发生当别人命令我们不能做某事时，我们却会反其道而行之的现象。

其实我们应该理性地对待"罗密欧与朱丽叶效应"：外界阻挠越大越要爱得"荡气回肠"。或许在旁观者的眼中两人的爱是"轰轰烈烈"的，但出人意料的是，这种情况下成就的婚姻很多最终都走向了离婚。这就是因为受外界阻力而激发升温的爱情，往往经受不住悲伤的考验。两个人一旦遇

到悲伤的挫折，爱情就非常容易产生裂痕。

另外，心理学家研究发现两个人能真正从相恋到走在一起，那么就应该得到父母的许可和祝福。可以想象得到，如果自己的恋爱不被自己最亲近的人所接受，那么爱情会在甜蜜中透着几分苦涩，任何人都不希望自己有这样的爱情。所以，在两个人恋爱时，不仅要赢得对方的爱慕，更要学会赢得对方父母的喜欢。而赢得父母的祝福，又是相爱的两个人要共同努力的事。不能得到父母祝福的爱情不是幸福的，但很多父母反对你们的爱情，他们也只是希望子女能更幸福，赢得对方父母的信任，给予你所爱的人以幸福，就会赢得父母对你们爱情的祝福。

成就你的爱情

　　欣赏一幅油画，太近了看着不大像画，太远了像画又看不清楚，只有不远不近，恰到好外，才能看出"效果"——婚姻之道也是如此。

　　男女在谈恋爱阶段，由于不是天天在一起，形影不离，所以相会相聚才有新鲜感。男女双方都处于一种狩猎心态，为了追逐到"猎物"——对象，常常会使尽浑身解数去取悦于对方、吸引对方，像孔雀开屏，像鸟类展示美丽翅膀、羽毛乃至好听的声音等等，其目的就是要把"对象"抓到手。初恋的情愫所以缠绵，令人陶醉，一个重要因素就是恋人之

间时合时离，时聚时散，让人感到似有却无，欲得若失，令人遐想联翩。

这正如心理学家鲁宾所得出的观点一样：男女对对象的爱情得分是一样的，但女性对自己对象喜欢的程度比男性对自己的对象喜欢的程度要略高；男女对同性朋友的喜欢程度是一致的，而女性比男性更爱自己的同性朋友。这就是我们经常看见女孩子们可以一起牵手走路，甚至喜欢挤在一张床上睡觉，说悄悄话，却很少看见男生这样做的缘故。

而对于结了婚的男女，分别与昔日生活在一起的父母或同事、伙伴们分离开来，双双住进了精心布置的新房。由于两人朝夕相处，没有了距离，一切都不再是雾里看花，失去了那种朦胧的美感，时间长了，自然而然产生了倦怠。以前的她偶尔耍小性子、发嗲，你当作天真、好玩，婚后她再这样你就觉得她长不大、太黏人；以前的他不拘小节、洒脱不羁，如今在你眼里这些却变成了邋遢和不修边幅。

正如心理学家赫尔岑所说："人们在一起生活太密切，彼此之间太亲近，看得太仔细、太露骨，就会不知不觉地，一瓣一瓣地摘去那些用诗歌和娇媚簇拥着个性所组成的花环上的所有花朵。"夫妻之间能够朝夕相伴那是幸事，但也要

注意给对方留有空间，与对方拉开一点儿距离，给对方一些自由，使双方保持各自的神秘和魅力，让相互的爱情在若即若离、不冷不热中久远维持。由此，我想起了人们常说的"爱情幸福递减率"，这个定律告诉我们：在我们处于较差的状态时，一点微不足道的事情可能会带给我们极大的喜悦；而当我们所处的环境渐渐变好时，我们的需求，我们的观念以及欲望等都会发生改变，同样的事物再也不能满足我们的需求，我们在其中再也找不到当初的幸福感了。

有很多关于"幸福递减定律"非常出名的例子，走在沙漠里的人，如能喝到一杯水，就会感觉幸福得像上了天堂。而当他历尽千辛万苦走出沙漠，来到泉边时，喝第一杯水感觉很甜美，喝第二杯水感到很清凉，等到喝第三杯、第四杯水就会感到很饱胀，如果连续不停地喝，最终会成为一种负担。

一个男青年虔诚地用草编成戒指，给心仪的女孩戴上，两个人觉得这一刻就是人间的天堂。多年后，当他们步入中年、有钱有地位之后，丈夫再给妻子买多少钻戒，都不如当初那枚草戒指带给他们的幸福。

许多观念和现象的深层内涵其实也是因为幸福感有着递

减的规律，比如物以稀为贵；没有得到的东西才是最好的；饿时糠如蜜，饱了蜜不甜；喜新厌旧；不识庐山真面目，只缘身在此山中等等。

相爱的人在婚姻生活的摩擦中，热情越来越少，枯燥乏味的感觉越来越多；原本英俊潇洒的丈夫忽然之间冒出了诸多毛病，使你越来越失望；本来温顺的、善解人意的妻子慢慢变得唠唠叨叨、不懂体贴，使你越来越心烦。其实这并不是爱出了什么问题，也不是丈夫或妻子出了什么问题，而是婚姻的"幸福递减律"在发生作用。人们常说"婚姻是爱情的坟墓"，当由爱相系的两个人改成由婚姻拴在一起，经过一段时间的全方位接触，新奇变得不再新奇，优点变得没有光彩，缺点日益凸显，同样的一个人吸引力越来越小，于是幸福感和满足感越降越低，直至为零。

控制婚姻"幸福递减律"的有效方法就是欣赏。因为爱就是欣赏，没有欣赏就没有爱，没有了爱就谈不上幸福的婚姻。所谓的"婚前睁大两只眼，婚后闭上一只眼"，不过是有些人消极与无奈的感叹，没有多少哲学价值和指导意义。积极的婚姻处世态度是在睁着两只亮眼的同时睁开第"三只眼"——专门用来欣赏的"慧眼"。

任汉林和李薇是大学同班同学，任汉林英俊潇洒，而且才华非凡，毕业后找到了一份在报社工作的好工作。而李薇漂亮活泼，也是一位"才女"，大学毕业后留校任教。两个人在工作一年后就结婚了。无论是"软件"还是"硬件"，按说两人是再般配不过的了，可是结婚不到两年，两个人就闹出了大大小小的"战争"，以至于发出了"联合声明"——离婚。

看着夫妻俩由恋爱到结婚，心满意足的双方父母坐不住了，打电话把他们叫了来，问两口子究竟有什么解不开的死结，非得一剪刀剪开不可。

李薇哭着说："他毛病太多，又懒，又不着家，整天在外东颠西跑，回家来不帮着干活儿，写那些烂稿子，晚上睡觉不洗脸，不洗脚，倒头就睡，还爱乱发脾气。这日子没法过！"

任汉林也气呼呼地说："你呢？把钱卡得死死的，不许买这，不许买那，自己倒好，成天又是洗面奶，又是口红，又是香水，没事就爱唠叨，话稍微说得语气重一点就又吵又

闹。你什么时候关心过别人？"

"我就是不关心你！也不看看你那副德行！还自诩不修边幅……"小两口又开始拌开了嘴。

李薇和任汉林的情况属于典型的"幸福递减律"者。生活中我们经常会看到这样的夫妻，恋爱时甜甜蜜蜜，可是一结婚就变了样，三天一小吵，两天一大吵。那么夫妻间应该如何控制婚姻的"幸福递减律"呢？那就必须注意以下六个方面：

第一，认清自己。

首先对自己要有一个比较全面、清醒的认识，才可能保持冷静，从而理智地审视自我，审视婚姻。一味地夸大自己的好处，夸大自己的付出和需求，不可能有效地控制自己的心态和情绪，也不可能全方位地、公正地看待对方，最终只能导致心态的严重失衡。

第二，多站在对方的角度思考问题。

面对夫妻间的矛盾和纠纷，如果只是强调自身，抵制或者排斥对方，只能越想越愤愤不平。同样的问题，也许换一个角度，尤其是站在对方的角度进行审视，会是另一番景象。

第三，爱是双方共同的责任。

大多数夫妻都是经历了恋爱才走到一起的，婚前的爱情正是婚姻的感情基础。爱既是相互的也是共同的，正是在相互的付出中支撑起共同的价值追求，在共同的建设中实现相互的需要。建设家庭、评价对方都应当以夫妻间已有的爱为基础，如果忽略这一点，那么一切都可能无从谈起。

第四，给配偶以肯定性评价。

在适当的时候，对对方的优点给予当面的充分的肯定、表扬甚至夸大式的赞许，这对对方来说往往意味着你对对方的认可、知心和爱。

第五，从对方的缺点和不足中发掘好的一面。

对方的缺点和不足从这个角度看也许难以接受，但从另一个角度也许正是他善意的、良好的表现。比如懦弱平庸的丈夫不会让你提心吊胆，泼辣粗心的妻子不会在小事上算计让你感到别别扭扭等等。

第六，相互扶持，共同进步。

每个成功的男人后面都少不了一个女人，每个成功的女人后面也少不了一个男人。执子之手，才能"与子偕老"。

幸福是需要提醒的，因为人们常常身在福中不知福。正如有人说的："我以为幸福刚刚开始，其实错了，幸福一直

都在身边。"人世间，两个人从相遇、相知到相爱，是一件多么不容易的事情，所以夫妻之间更要珍惜在一起的缘分，不要忽视了身边的幸福，让幸福从我们的生活中悄悄溜走。想一想沙漠中的口渴，只有回忆过去的苦，才知现在拥有的甜。

心理学家指出，爱情也就像拥有物质一样，人们从获得一单位物品中所得的追加的满足，会随着所获得的物品增多而减少。同一个人在不同时间里会有不同的感受，同样的物品对处于不同需求状态的人，其幸福效应是不一样的。人们对同一事物幸福的感觉，会随着物质条件的改善而降低。举个简单的例子，一个很饿的人在吃第一个馒头的时候是最幸福的，当他吃第二个馒头时，这种幸福的感觉就会变淡一些，等吃到第三个、第四个的时候，他已经饱了，所以对馒头的味道已经变得麻木了，第五个、第六个时他已经很撑了，馒头好吃也不想吃下去了。当吃到第七个馒头时，他肯定会觉得实在很难吃，不仅再快乐，而且会成为一种负担。

所以，在我们面对爱情时，我们要注意到当最初的狂热消失后，相爱的人之间会遇到越来越多的问题，双方开始对单调乏味的生活感到厌倦，开始抱怨彼此的行为，对未来美好期望也开始有所动摇。其实他们的生活是没有改变的，

只是他们的心态变了。就像那个吃馒头的人，馒头的味道没变，只是因为一直不停地重复吃一种东西，就会心生厌倦。自然，他们的幸福感就会逐渐降低。

爱情有没有内存

　　爱情心理学的研究表明，当一方对另一方产生爱慕之心以后，总希望能够经常出现在对方面前，以便引起对方的注意。但是由于自尊、矜持以及社会评价等因素的制约，又不愿让对方发觉自己是故意这样，因而往往装出"无意""偶然"的样子作为掩饰。一旦这种"偶然"经常发生，那你就有必要多想想了。

　　比如，在大学校园里，每次当你和同伴在幽静的林荫道散步时，他（她）经常"偶然"在那个时刻恰好也散步来到你面前。在食堂吃饭的时候，他（她）经常"偶然"地坐

在你习惯坐的饭桌旁边和你攀谈，注视着你，甚至还会把好吃的东西让你品尝。在开会时或在看电影时，几乎每次他（她）都"偶然"坐在离你不远之处，甚至会和你的座位挨着。在下班的时候，他（她）经常"偶然"在门口遇见你，并且每次都要"顺便"和你同行一段路，尽管这会使他（她）绕远多走路。特别是你若试探地改变一下你的活动路线和时间，他（她）也同样会"偶然"地随之改变。那么，这种"偶然"大概就不是偶然啦，很可能是他（她）在有意地引起你的注意了。

相信不少人都有过这种美妙而又苦心的体验：悄悄地爱上了一个人之后，可是却恐"落花有意，流水无情"，只好保持缄默，只好自己着急、苦心。其实我们的生活中既要有爱情，也要有友情，你不能把自己圈在一个两个人的世界里，你爱他，不等于要完全依附于他，你也有自己的生活圈，有自己的主张，你应该享受爱情，但是不等于要做爱情的奴隶，你的生命不是爱情的抵押品，适应地给对方一些自由，或许会给爱情增加一点儿润滑剂。

一般来说，人们对自己特别喜爱的东西总觉得看不够，并且希望能够经常看到。一旦"意中人"出现了，他（她）

的目光更会不由自主地被吸引过去。只是当双方还没有明确说出心思时，这种目光常常是悄悄射向对方的。

在工作间隙你偶一回头，会突然发现有一双明亮的眼睛在注视着你。在单位集会的场合，你也会发现他（她）的目光正从许多人头的空隙处凝视着你。总之，只要有他（她）在场，你总会觉得有双眼睛在盯着你，有时又会一闪而过。

同时，你也会感到他（她）的目光与别人的目光不同，它带着一种凝视的力量，带着希冀和温情，似乎要把你的视线吸引住，使你心动。这是因为眼睛是心灵的窗户，许多无法用语言表达的感情，都可以用眼神传达。据对行为信号的剖析研究，人们如果看到动心的事物，瞳孔便会无意识地放大，当双方无言相对，而对方却一直看着你超过6秒时，你会产生对他（她）的特有注意，甚至会感到不自然。可见目光在传达感情上那么重要。正因为这样，目光也为你了解对方的心灵提供了信息。

所以，当你发现他（她）的目光经常在注视你时，应明白这是传达信息的好时机，倘若你对他（她）也有"意思"，不妨试着也将自己的目光投向对方，同时报以深情的微笑。如果发现对方的目光不但不躲避，却显得更有神采，

那么，至少可以断定，人家对你已产生好感。但是否是表达爱慕之意，还需要用其他表现证实。就连你烫头发，染颜色，打个耳洞之类的事情都需要得到另一方的批准，他一旦不喜欢，就得乖乖的就此作罢。这样的爱情失去了它本来的色彩，未免也太自私了。

爱情不是以自我为中心，作为女人，应该开阔自己的视野，不要把有限的精力全部投注到某一点，应该有自己的工作，自己的朋友，也有自己的人生价值要去实现，爱是自主的，适当的自由不等就是背叛，不要爱得迷失了自我。

爱情就像织毛衣，建立时一针一线，千辛万苦，拆除时只需一方轻轻一拉，曾经最爱的人就变成了最熟悉的陌生人。这件毛衣的线头，就拽在两个人的手中，幸福还是痛苦，往往就在一念之间。

生活赋予人很多很多精彩，要去学会享受生活，去感受每一缕阳光的温暖，去感受每一丝微风拂面，让生活丰富而充实，不要把自己变成一个整天围着老公团团转的小女人。

诗人契诃夫曾把爱妻比喻为月亮，但他却不愿爱妻夜夜出现在他的房间。有人戏称夫妻最好"等距离相交，远距离相处""距离产生美"，这话不无道理。就像冬天的刺猬，

接近了会伤害到对方，分得太开又取不了暖，夫妻还是亲密有间、不即不离为最好，这样做在一定程度上可恢复恋爱时的那种朦胧美，增加夫妻之间的依恋感。

何况夫妻两人都给对方留有空间和自由的同时也解放了自己。因为一颗心不用系在他（她）的身上，你有了时间去和朋友、同事聚会聊天，或去充电学习，或去美容健身，每天衣着光鲜，妩媚动人……慢慢地，他（她）开始担心，你怎么不在意他（她）了？他（她）开始收回飘忽游离的眼神专注在你的身上，这就是亲密有间的魔力，是你保留的那段空间，拉开的那段距离让他（她）看到了你的风景。人都有视觉上的疲倦期，有些风景总在眼前，习惯了也就感觉不是风景了。

爱情带给我们的幸福首先是心灵的幸福，只要有一颗能感受幸福的心就能创造幸福。简单真实的一生是幸福的一生，淡泊宁静的一生同样是幸福的一生。就像歌里唱的："我能想到最浪漫的事，就是和你一起慢慢变老，直到我们老得哪儿也去不了，你还依然把我当成手心里的宝。"

第四章

爱情的升华是婚姻

没有爱情的婚姻是什么

　　没有爱情的婚姻生活是什么？是没有黎明的长夜！恩格斯说："如果说只有以爱情为基础的婚姻才是合乎道德的，那么也只有继续保持爱情的婚姻才合乎道德。" 婚姻的幸福与否，并不在于富贵贫贱，而是在于夫妻能不能去经营它，在婚姻中继续经营爱情，就会使婚姻充满光彩。

　　对于很多男人来说，婚姻的好处是永远有个属于自己的去处，问题是，永远只能有这一个去处。于是，男人们总是拖着，不想过早地用婚姻把自己禁锢起来。目前，德国心理学家研究发现，很多男人之所以不愿意在25岁之前结婚，是

由于他们的大脑此时尚未发育完全。

现在社会上出现了两个对婚姻极端的做法：要么"闪婚"，要么拖着不结婚。对于拖着不结婚的男人的心态，心理学家做了如下分析：

首先，他们中的一部分人更加成熟，对待婚姻更加谨慎。"比起'闪婚''闪离'的人，他们更明白婚姻对一个人的意义，因此不会草率做出决定。"但同时，心理学家也表示，这部分人在平时生活中也通常表现出做事犹豫、瞻前顾后等性格弱点。这种性格运用到感情上，很容易失去真爱。

其次，对另一部分人来说，不愿意结婚是因为想要不断尝试，寻找真正适合自己的女人。正如有些男人所说的，"找女朋友可以很轻易，但找老婆一定要慎重。"就是在这种频繁更换的过程中，他们伤害了太多女人，而自己最终往往也挑花了眼，很难找到自己的"真命天女"。

最后，男人晚婚是时代产物。现代社会中，大部分人选择了婚前同居，那么，结不结婚是不过是一张纸的区别而已。心理学家分析，很多人不愿意结婚是害怕承担婚后责任，毕竟，结婚意味着要担负起两个家庭的责任，而这也正是很多男人想要逃避的，尤其以独生子为甚。

　　所以，婚姻只是爱情的一个阶段，婚姻是让爱情法制化，让两个人心与心碰撞，情与情交流，性与爱交织，灵与肉统一。谁都知道，爱情是婚姻的基石，没有爱的婚姻是不幸的。婚姻如果没有恒久不变的爱情，那么婚姻生活过着过着就变味了，就好象冲泡一壶茶，经多次冲泡以后渐渐地就会没有味道，但这杯水你还要喝下去。但是，如果有了爱情的经营，就像给壶及时加入了茶叶，"水"总会保持着浓浓的茶香。其实，给婚姻加"茶叶"的方式很简单，试想想，在结婚后，如果丈夫能经常买几枝玫瑰花，送到爱妻手里，做妻子的总会像以前一样甜甜地收下，虽然妻子有时会嗔怪道："这个物价又涨了，你竟花这钱干什么？"但在她的内心会有初恋般的感觉。不难看出，而对于善于经营婚姻的人来说，爱情会在婚姻中继续延续以至更加完美，把婚姻经营得如恋爱般的甜蜜与和谐，那么婚姻就会使爱情得以升华。

　　作为男人的妻子，既不甘处于男人的完全统治之下迷失自己，又要让家庭永葆幸福，那么你就要学会用充满智慧的爱情来处理好恋爱关系。然而这说起来容易做起来难，关键还在于心理调适。怎样调适呢？心理学家做出了以下建议：

　　（1）审视自己的爱情观。静下心来，倾听自己的心声，

想想自己对于爱情的理解，问问自己，是否在为爱而一味的委曲求全？是否在为爱而有意无意地放弃自己内心的一切？这样为爱而付出，自己是否感觉到幸福？记住：真诚地回答自己。

（2）下定决心改变自己。如果你在努力奉献着一切，过着外人羡慕的生活，而自己却感到自己的心已越来越远，那么，开始改变现状。不管是从每天休憩的半个小时开始，还是从重拾一份多年的爱好开始，还是从能撑起自己的一份事业开始，只要是源自内心的渴望，就果断地行动起来。

（3）注重沟通的策略。已婚的女人除了保养自己的脸和身材外，更要注意改善与爱人的沟通的策略，这会让你收获多多。比如，你对他的工作和能力不满，不要直接地责骂，男人的自尊其实很脆弱，换一种说法，就会好很多。你打算提出自己的要求和建议，最好不要用生硬的语气，这样会引起他的反感，而使用温柔和商量的语气就会好很多。再比如，男人有对不起你的迹象时，最好不要意气用事、马上就换人，两个人在一起走那么长的路，总会渡过一些难关，要想办法把他换回来，而不是一脚把他踢出去。男人如风筝，聪明的女人知道什么时候松一松手中的线，什么时候把手中

的线拉紧一些。

（4）适当地转换角色。没有人愿意总是被依赖，也没有人愿意总是被照顾。适当地转换一下角色，转换一种感觉，会让婚姻增加一些色彩。比如小鸟依人的你，偶尔在他劳累的时候，把他揽在怀里，让他感受你的温暖，听着你的"母爱"的心跳入眠。当然，必要的时候，也可以调皮、撒娇，对他崇拜有加，让他感受大男人的自豪。

（5）学会享受生活。婚姻生活不只是让女人一味地付出，也需要你来慢慢地与你所爱的人共同享受。当然，所谓文武之道，一张一弛，婚姻也是如此。夫妻的共同享受并不是天天如胶似膝，偶尔，应该腾出一些属于自己的自由空间，听听柔情的音乐、进入书的海洋，能增长你对品位的自信。或者一个人去逛逛街，给自己买份礼物，给丈夫买一个钱包，在情人节里给他买一份巧克力，从中体味婚姻生活中的浪漫与温馨。假若经济条件允许，你还可以在闲暇的时候去练太极、学瑜伽，或者去清新高雅的茶吧，在典雅幽静的茶吧里小憩，能使你的心灵彻底放松。

从上述建议可以看出，现实生活中，我们往往把爱理解成为生活的点缀或装饰，其实爱的本质是生命最重要的渴求

和认可。同样，我们常常把婚姻当成爱的凝固，而事实上，婚姻只是爱的一种形式。不是所有的爱都能形成婚姻，婚姻也并非是一个牢笼。爱和婚姻都是人生的一种经历、一个过程，而婚姻更是爱的一种境界，由爱而形成的婚姻，是爱本身的一种升华，是值得珍惜呵护的。人一生中，从来没有一步到位的爱或者婚姻，"一见钟情"是靠不住的，"白头偕老"才是值得追求的境界。

为了婚姻共同经营爱情

　　仅仅是夫妻二人的感情没有什么问题，这还不能说他们的婚姻是非常幸福的。爱情的浪漫能使两个人感觉到幸福，而生活却影响着家中的一大群人。在这些人中间，孩子和父母对婚姻生活的影响是最大的，当然，他们既能影响婚姻的完美，又能给婚姻带来二人世界以外的幸福。

　　在婚姻的历史长河中，我们经常会有这样的一种错觉，那就是很多想起来明明如同发生在昨天的事情，可细究之后才发现已经过去好多年了。这令我非常苦闷，为了自己反应上的迟钝，更为了它们一去就不再复返。所有的快乐与忧

愁、甜蜜与痛苦，明明还在我的头脑里充满着、纠缠着、交织着，却被时间这个东西悄无声息地一掠而去，秋风扫落叶般的干净，等到我发觉到的时候，已经不能再为之做些什么。

托尔斯泰伯爵夫人也发现了这一点——可惜她们知道得太迟了。在她们去世以前，她对她的女儿们承认："你们父亲的死，是因为我的缘故。"她的女儿们都痛苦了起来。他们知道母亲说的是实话，知道她用不断的抱怨，永久的批评，不休的唠叨将父亲害死了。

但托尔斯泰伯爵及其夫人理应享受优越的环境而快乐生活。托尔斯泰著名的《战争与和平》和《安娜·卡列妮娜》在世界文学史上永远闪烁着光芒。他非常有名望，他的崇拜者甚至终日跟随他，将他说的每句话都速记来来往往。甚至连"我想我要就寝"这样的话也一字不漏地记下来。除名誉外，托尔斯泰与他的夫人还有财产，有地位，有孩子，没有别的婚姻比着更美满了。起初，他们饱尝幸福的甜蜜，以致他们一同跪下，祈祷万能的上帝继续赐予他们所有的快乐。

以后，一件惊人的事情发生了，托尔斯泰渐渐变成一个完全不同的人。他对他所著的伟大著作觉得羞辱。从那时

起，他专心著作小册子，宣传和平，停止战争与消灭贫穷。这位曾承认在青年时犯过各种可想象的罪恶的人，要真实遵从耶稣的教训。他将所有地产给了别人，过着贫穷的生活。他种田，砍木，堆草。他自己做鞋，自己扫屋，用木碗吃饭，并尽力爱他的仇敌。

托尔斯泰的人生是一个悲剧，而悲剧的原因，是他的婚姻。他的妻子喜欢奢侈，但他追求简朴；她渴望名利与社会地位，但这对他毫无意义；她企求金钱与财产，但他视财富及财产是一种罪恶。多年的时间里，她常常责怪叫骂，因为托尔斯泰坚持要放弃他的书籍出版权，不收任何版税；而她要那些书能产生金钱。当他反对她，她就发狂地躺在地上打滚，并拿出鸦片放在嘴边，声称要自杀，还要跳井。

最后，82岁的托尔斯泰不能再忍受他家庭的不幸，他在1910年10月的一个雪夜中，从他的妻子那里逃了出来——在寒冷黑暗中漫无目标地走着。11天后，他患肺病死在一个车站上，他临死的请求是不要让她们来到他的面前。

这也许是托尔斯泰夫人因唠叨抱怨所付出的代价。

也许我们会想，或许她确实有许多可以唠叨。我们可以这样去想，也可以承认这一点，但问题是唠叨给了他什么帮助呢？"我想我真的是神经失常。"这是托尔斯泰夫人后来对自己的评价。

一位在家事法庭任职11年的法官说："男人离家的一个主要原因是他们的妻子们喋喋不休。"或像《波士顿邮报》所说的："许多做妻子的，不断地一点一点地挖掘，造成他们自己婚姻的坟墓。"

这就是婚姻的现实写照。一位名家说，在外面的想进去，在里头的想出来。还有人说，婚姻是爱情的坟墓。很多人也跟着说，婚姻是爱情的坟墓加性欲杀手。

其实，婚姻的幸福，需要双方对婚姻不停地用心经营，这种经营是终生的。人们一旦走进婚姻的殿堂，彼此之间就要做到相互尊重、相互理解、相互关心、相互体谅、相互包容、相互配合、相互信任。只要用心经营和维护，婚姻就会天长地久，这样才会让婚姻得到永久的幸福。

婚姻是河流

爱，不仅能温暖爱人，也会温暖自己。记得一位心理学家曾说过："没有任何成功可以弥补婚姻、家庭的失败！"所以，那些坠入情网，走进围城的男女，请学会爱吧，如果我们懂得用我们的爱去经营婚姻，如此，纵然激情褪去，我们的爱情，我们的婚姻，也必将炫如朝花，坚如磐石！

婚姻是河流，夫妻是上面的两条小船，他们在同一条河流上行驶。爱情不是船长和乘客的关系，爱情中并不是谁指

导谁，也不是谁控制谁。

电影中常有这样的情形：某女士正在埋头工作，一个英俊的男士进来了，怀里抱着一堆数也数不过来的玫瑰，然后露出了天使般的笑脸。这种情形哪个女人不动心？可是这种浪漫在现实婚姻中并不多见。

好多女人都愤愤地说，自从结婚后便感到什么结婚纪念日、生日、情人节这种应该浪漫的时刻似乎已经不属于自己了，因为那个榆木疙瘩丈夫不配合。而好多男人则埋怨，自己的妻子一点儿也不浪漫，他们的生活天天都是一个样，上班、吃饭，应酬、睡觉。总之，乏味透了。

的确，几乎所有的女人都喜欢浪漫，而男人则喜欢浪漫的女人。所以，无论是丈夫还是妻子，不仅要懂得享受浪漫，更要懂得不失时机地营造浪漫，这不仅能让趋于平淡的生活更有色彩，也能增进夫妻间的感情。

著名的社会学家米特对近500对幸福夫妻分析后指出，共享每一件东西，包括某一种信仰，可以使人与人之是的关系更加密切。适应与分离爱人的嗜好和偏爱，这是获得美满幸福婚姻的重要因素。

著名的舞蹈学家比琳夫人与丈夫一生幸福美满，她在谈到做妻子的诀窍时也如是说："我吸引丈夫最重要的诀窍是适应与分离他的嗜好。开始我对游泳和打网球一窍不通，因此，闲暇时我就去学习，一段时间以后，当我穿上泳装与丈夫到海滨游泳时，他一下子高兴地将我抱了起来，我也从中获得了极大的幸福与快乐。在以后所有的休假中，只要可能，我们就一起去享受这些运动。"

的确，整天因工作而没有娱乐，会使婚姻变得索然无味。如果夫妻两人又经常把谈话的焦点集中在孩子或工作上，慢慢地就会发现除此以外你们可谈的东西越来越少。这时，你们不妨抽出时间来培养一些共同的兴趣，并一起参与其中，不仅能为索然无味的婚姻增添几多乐趣，也能使夫妻之间的共同语言与日俱增，夫妻间的感情自然也会愈来愈深。

那么，夫妻两人该怎样做才能培养起共同的兴趣呢？

首先，夫妻两人要互相尊重。由于个人的生理、知识和认识条件的不同，对事物的需要倾向和程度就不同，因而表现在兴趣上具有明显的个性特征。如有的丈夫喜欢上网，妻子喜欢逛街；有的妻子酷爱音乐，丈夫迷于体育；还有的丈夫爱看电影，妻子忠于小说……对于这些不同的兴趣爱好，不可一味地指责抱怨，也不可把自己的好恶强加于他，更不

可要求对方改变自己的兴趣，而应当相互尊重，相互包容。

方远自小就对国际象棋产生了浓厚的兴趣。结婚之后，他仍保持着单身时代的习惯，休闲时常常抛下娇妻去找朋友们下几盘国际象棋。他的妻子刚开始那段日子过得很不愉快，她非常希望丈夫能够时常留在家中陪伴自己，可怎样才能"拴住"丈夫呢？这位妻子没有像许多人那样唠叨、哭泣，更没有耍吵闹或"回娘家"之类的威风。相反，她在家里为丈夫准备了棋子棋盘，并布置了雅致的棋桌，让丈夫时常邀一些朋友来家里下棋，这样一来，他自然不再整天跑到外面去了。

其次，夫妻两人要互相诱导。所谓诱导，就是指有意识地把自己的兴趣渗透给爱人，同时也主动培养自己对爱人感兴趣事物的兴趣。如你以前对看球赛一无所好，为了照顾爱人的情绪，不妨跟着一起去看看。在"看"的过程中又有爱人这个义务讲解员热心讲解，说不不定你慢慢地对看球赛也会产生兴趣了。

有些夫妻往往缺乏这种态度，对于对方的兴趣，不是主动诱导，而是"井水不犯河水"，你搞你的兴趣，我搞我的爱好，他们认为，男女双方都各自有事去忙，为什么非得强迫自己去适应爱人的一些兴趣？而这个借口正是淡漠夫妻关系的"罪魁祸首"，会使爱人感到寂寞与孤独，甚至发生感情转移。难怪经常听到有一些妻子如此抱怨，丈夫把大部分愉快的周末都浪费在了电脑前，不陪自己看电影、逛街，使自己备感寂寞。

当然，夫妻俩要培养共同的兴趣，一定要注意道德和法律原则，倘若爱人嗜赌、嗜酒甚至嗜偷、嗜骗等等，你也一味去迎合、共享，那就不是去培养兴趣，而是成了助纣为虐、招灾惹祸了。

婚姻不是爱情的填补

　　婚姻不是为了填补人生的完整性，因此，你要自己首先圆满起来，然后寻找另一个圆满的人，最后大家才会幸福。渴望别人来圆满自己，一定只会落得失望。

　　男人偏重于理性，女人偏重于感情，因此，女人应该对情调更为敏感，婚姻中有无情调往往取决于女人。

　　结婚的时候，大部分女人都渴望自己的婚姻是浪漫有情调的，可是随着时间的推移，丈夫的理性使得对情感反应相对迟钝一些以及忙不完的家务等，使得现实不能满足女人对婚姻的期望。女人往往最先感到婚姻无味。面对女人心里的不快乐，男人们往往很奇怪："我哪点不好了？你们女人就是太无聊！"这就是性别的不同造成了对婚姻的不同感受。那么，婚姻中的女人面对这种情况，如何让自己的生活快乐，并带动男人一起过着有情调的生活，女人应该让自己学会调控生活。烛光晚餐，花瓶里的花香，女人特有的香味……这些有情调的元素往往都是出于女人之手。有些做妻子的埋怨丈夫不够浪漫，没有情趣，其实浪漫的情调来自浪漫的环境。做妻子的要善于收拾并布置出一个有情调的家，柔和的灯光和清新的气息都能唤起丈夫的激情。这当然要额外的付出与精心的营造，但能换来夫妻生活的激情，又算得了什么？浪漫而健康的婚姻生活里，往往充满了妻子无限的耐心和奉献，所以说，女人该是情调生活的主角。

在婚姻中和一个板着面孔不苟言笑的人一起生活，那样的生活一定没有趣味。夫妻间关系独特，有情趣的人会利用这种关系，用"打情骂俏"的"轻浮"来增添夫妻间的情趣。

夫妻相处久了，会产生"审美疲劳"和"另类生活疲劳"。很多时候，男人可以"轻浮"一些，比如，可以厚着脸皮对太太说："为了节约用水，我们只好洗鸳鸯澡了！"其间能相互搓搓背，那种幸福就会超出两性之间所带来的感觉。值得注意的是，对第三者的挑逗是一种轻浮的表现，可夫妻间的挑逗却是一种情调。因此，夫妻间可以用"轻浮"的语言与动作来挑逗对方，以此营造婚姻生活的情趣。

语言本身就是一个美妙的情感启动器，只要善于挖掘它的情趣，单单用语言就可以起到调情的作用。夫妻之间，除了工作、生活、孩子等话题，还有一个内容就是与性、与情有关，这便是夫妻间独特的"情趣"。它可能是夫妻间的一种玩笑、游戏、调情，甚至撒娇、赌气等。夫妻间的"情趣"，虽然有些与性主题有关，但因为只局限于亲密的两人世界里，故不会显得肮脏、下流，反而很有情趣，在两个人之间散发出一种"情欲芬芳"。

另一方面，婚后对爱人的亲昵动作不可少。生理专家研究发现，男女两个人一旦建立了亲密关系，就会在心理上渴望能有亲密的接触，并能在接触中加深感情。因此，夫妻间不要忘记对对方表现出一些亲密行为，如牵手、揽肩、抚摸、依偎、拥抱等。

夫妻不要认为没有鲜花、咖啡和牛排的生活就不会有情调，认为生活的情调总是以经济做后盾的，那是婚姻生活的一个误区。

　　在农村的一些夫妻，他们没有太多物质享受，更没有良好的经济基础，但他们之间也不乏有情调的婚姻生活。男人从田野回来，顺便会给女人摘一束野花，女人会在上面嗅个不停，随后会灌一啤酒瓶清水，把花插在上面养着；有时，男人会带来一些野果，放到女人嘴里，把女人酸得直咧嘴……女人闻的是花香，尝的是酸果，但在她心里荡漾着的确是一种甜美。男人看着女人嗅着花香和酸得直咧嘴的模样，这时候，他感到自己的女人是天下最美的，心里同样满揣着幸福。在农村看似贫穷粗俗的一对夫妻，他们之间都创造出一些情调来，因此，婚姻生活有无情调，不在生活处于一个什么样的状态，而在于夫妻两个人怎么去做，只要是夫妻，总能营造出一些情调来。

　　有一位先生结婚20年，他总来没有觉得婚姻生活单调过。他的经验是，首先要在太太面前有一定的威信，赢得太太敬重甚至崇拜后，再玩一些夫妻间的闹剧，这样给婚姻生活增添一些情趣。比如太太睡衣比较花，就称其"花姑娘"；对于太太的称呼，他能用十几种方言叫出来，就是一个称呼，有时竟能惹得太太哈哈大笑，在妻子的笑声中夹杂更多的是生活的情调。在妻子忙碌累了的时候，先生会

适时出现在沙发边为她做几节"三流的推拿"，虽然很不专业，"推拿"重了使得太太尖叫，轻时只会起到挠痒痒的作用。但先生说起码是"异性按摩"，而且"三流"总比下流好。这时的太太总是开心地躺在沙发上，享受着丈夫的"折磨"。先生的"活宝做派"，不仅使妻子的倦意即刻就烟消云散，更给家里带来不少快乐，婚姻的乐趣也蕴含其中。

所以，有情调的生活主要还在于两个的生活态度，它与家庭的富有和贫贱无关。因为夫妻关系是一种独特的关系，独特的关系使得两个人可以耍一些独特的浪漫，这样会使生活更有情调。

真诚地欣赏对方

男性对于女性追求美观及装束得体的努力应表示欣赏。所有的男人都忘了，如果他们曾有过察觉的话，将知道女性是如何注重自己的衣着。

对很多男人来讲，他们也许想不起自己五年前穿的什么衣服，什么衬衫，他们甚至毫不留意去记住它们，但女人则不同。

洛杉矶家庭关系研究所主任鲍本诺说："多数男子寻求自己的伴侣时，他不是像在寻求高级职员，而是寻求一个对自己具有诱惑并情愿奉承他们的虚荣心，使他们感到优越的

人。"如果以为女办公室主任应邀吃一次午餐，但她们总是将大学时代的那些哲学思潮作为谈话的内容，甚至坚持自付餐费，那最后的结果只能是，自次以后独自午餐了。"反过来说，即使一个未进过大学的打字员，应邀吃午餐的时候，她能温情地注视着她们的男伴，仰慕地说'再给我讲些有关你的事。'最后的结果可能是，他去告诉别人：'她们不是十分美丽，但我从未遇见过比她更会说话的人。'"男性对于女性追求美观及装束得体的努力应表示欣赏，所有的男人都忘了，如果他们曾有过觉察的话，将知道女性是如何注重自己的衣着。例如，如果一位男子同一位女子在街上遇见另一个男子同一个女子时，这女子很少看那男子，她会不时地留意看另一女子穿的衣服。

一位老人，在她去世前不久，当别人给她看一张她自己在30多年前所摄的照片。她的老花眼已看不清相片，但她问的唯一问题是："那时我穿着什么衣服？"试想一想！一位在她生命最后几个月的老太太，虽然年事已高，卧床不起，记忆力衰弱得几乎不能辨认她自己的女儿了，还注意自己30多年前穿的什么衣服！对很多男人来讲，他们也许想不起自己五年前穿的什么衣服，什么衣衫，他也丝毫没有意思去记住它们，但女人则不同。法国上等社会的男子都要接受训练，对女人的衣帽表示赞美，而且一晚不止一次。5000万的法国人不会都错的！

有一位农家妇女，经过一天的辛苦以后，在她的男人面前放下一大堆草。当他恼怒地问她是否发狂了，她回答说："啊，我怎么知道你注意了？我为你们男人做了20年的饭，在那么长的时间里，我从未听见一句话使我知道你们吃的不是草！"

莫斯科与圣彼得堡的那些养尊处优的贵族曾有很好的礼貌。上层人有一风俗，当他们享受过丰美的菜肴时，定会将厨师召进食堂，接受他们的恭贺。

为什么不同样体谅一下你的妻子？下次她们烧鸡烧得很嫩，你就这样告诉她，使她知道你欣赏她的手艺——你不是只在吃草。或像格恩常说的："好好的捧一捧这位小妇人。"因为她们都喜欢被人这样。当你正要做出这样一来的表示时，不要怕她们知道，她对你的快乐是如何的重要。狄斯瑞利这位英国伟大的政治家，他就不羞于使世界都知道他对他的"沾光多少"。译本杂志中有这样一段话，那就是从

埃第康德的访问中得来的："我沾光与我夫人的多于世上其他任何人。我在儿童时，她们是我最好的朋友，她帮助我勇往直前勇往直前勇往直前。在我们结婚以后，他节省每一磅钱，然后进行再投资，她们为我储存了一个家当。我们有五个可爱的孩子。她一直为我建造了一个美丽的家庭，如果我有成就应归功于她。"

在好莱坞，婚姻似乎是一件冒险的事，甚至伦敦的劳慈保险公司也不愿打赌，在少数快乐婚姻中，巴克斯德是一个。巴克斯德夫人以前叫勃来逊，她放弃灿烂的舞台事业而结婚了，但她们在事业上的牺牲并没有使她失去快乐。"她们失掉了来自舞台成功的鼓掌称赞，"巴克斯德说，"但我已尽力使她完全感觉到了我的鼓掌和称赞。如果一个女子完全要在她们丈夫那里求得快乐，她必须在他的欣赏与真诚中得到。如果那欣赏与真诚是实际的，他的快乐也就得到了答案。"

现在你应该明白了，如果你要保持家庭生活快乐，那么就给予对方真诚的欣赏。

婚姻不需要刻板

婚姻最不喜欢刻板、笨拙、没有情趣的人。在二人世界，"坏"的男人更有意思一点；有些嗲气的女人更叫爱，她含羞转身，拿手指戳了一下男主人的脑袋："你这个人，真坏！"这就是婚姻中最甜美的瞬间之一。

女孩在肯德基店中和男友吵了起来，只听女孩稍稍高了音量："……只有那样我才知道你爱我！"

是什么要求？一束娇艳的玫瑰花，一盒香浓的巧克力？抑或一个甜蜜的吻，一个热烈的、恋人的拥抱？

男孩整个人便呆凝住了……良久，他支着椅子，慢慢起身，很慢很慢，随时会停下来一样，眼睛一眨不眨盯着女孩，满脸的乞怜与哀求。而女孩只甜甜地笑，酒窝天真，脚尖轻轻踢着。

他轻轻蹲下身，迟疑地伸手，仿佛要帮女孩系鞋带，却忽然飞快地一倾身，轻轻地吻了一下女孩赤裸的、一直满不在乎摆荡着的脚……然后他飞速弹回原处，满脸绯红，而眼里有奇异的、不能按捺又极力按捺的难堪……

女孩轻轻扬声笑了，眼神无邪如赤子。接着他们起身而去，女孩伸手给他挽着，如寻常情侣。

——他跪下去亲了她的脚！而这是肯德基，再众目睽睽不过的公共场合，音乐、笑声、薯条的香味，那么多陌生的目光与侧视。

是什么可以让一个男人放下身价，放弃膝头的黄金，不顾尊严，忘记脸面，在公众面前这般作践自己？的确，他爱她。可她爱他吗？她当然不爱他！没有一个女子会忍心当众侮辱自己心爱的男人。

有个女孩从小就在娇生惯养的家庭里长大，几乎每个人

都疼爱她，事事依着她。她有一个很爱她的男友，就在他求婚的那天晚上，女孩子任性地说："假如你能在我家楼下站上100天，我就嫁给你，因为那样我才知道你是爱我的。"

男孩想再做一次努力和争取，可女孩说完便抽身离去，没给他继续说话的机会。

为了能和自己心爱的人永远生活在一起，第二天一大早，男孩真的来到女孩家楼下，手捧着一束玫瑰花，傻傻地站在那里。女孩透过窗帘远远看见男孩挺直的身影，却没有做什么，而是继续着她的生活，这是第一天。

以后，不管是刮风下雨还是烈日当空，男孩真的是天天站在那儿，他的面容日渐消瘦苍白……但女孩似乎一点儿都没有动心，看着他从炎热的夏天，站到了寒风凛冽的冬天，甚至颇为得意。

90天、91天……98天、99天、100天？不，就在第99天晚上，只差几分钟就到100天的时候，女孩推开窗户，看见男孩还在那儿痴痴地等待，不知是怎么了，女孩的眼泪涌了出来，她终于明白了自己有多么地爱男孩，她不顾一切地奔下

楼去……

可惜，当她来到男孩等候她的地方时，男孩已经不在了，地上静静地放着一束早已枯萎的玫瑰花和一封信，女孩打开了那封信，只见上面清楚地写着：

"如果你真的爱我，便不会用这种近乎刁难的方法来考验我对你的爱。我多希望你只要看着我在这里，就会飞奔下来，可惜你没有……99天的等候，证明我爱你；1天的离开，证明我虽爱你，但我有尊严。对不起，我走了，希望下一个他也像我一样爱你！"

女孩在那里傻傻地站着站着，好久好久……

是的，考验，没什么不对。只要不要把考验和刁难画上等号。因为刁难是爱情中最狡狯的字眼，它不仅会严重刺伤人的自尊心，更会让苦恋迟迟没有进展，他当然会选择离去。

离婚不是最佳选择

　　阿拉伯人有这样一句话："时常移植的树，很少会长得茂盛。"因此，当现有的婚姻不如意时，离婚不是最佳选择。

　　很多人知道这样一句话："不要随便牵手，也不要随意放手。"因为爱情是神圣的，任何两个人的结合，都肩负着责任。首先，爱情可能只是把两个人系在一起，但当爱情上升到婚姻的时候，它就把一大群人绑在一起了，当一个人在婚前拒绝爱情的时候，伤心的、或得到解脱的可能只是两个人的事，但婚姻的崩溃却会使一大群人受到伤害；其次，婚姻往往是深思熟虑的结果，是两个人曾经真心相爱的体现，

而现在的分手，可能只是一时之气。因此，如果夫妻真的要"突破围城"，需要三思而后行。

首先，要清楚离婚不是解决问题的办法。

柏拉图曾经问老师苏格拉底，什么是爱情？老师就让他到麦田摘一颗最大最金黄的麦穗来，其间只能摘一次，并且只可向前走，不能回头。但柏拉图总以为前面有最大的麦穗而最后一无所获。老师说："这就是爱情。"后来柏拉图再问什么是婚姻，苏格拉底就叫他到树林里砍一棵最大、最茂盛、最适合放在家做圣诞树的树，条件和之前一样。最后，带回了一棵普普通通的树回来。老师问他，怎么带这棵普普通通的树回来，他说："有了上次经验，当我走到大半路程还两手空空时，看到这棵树也不太差，便砍下来，免得又错过。"老师说："这就是婚姻！"

苏格拉底很巧妙地解释了爱情和婚姻，有时，你的妻子或丈夫就像那棵圣诞树，砍回来你可能觉得它不太适合，但当你扔掉它重新再来寻找的时候，你得到的可能会更差，或者什么也不会得到。因此，可以这样说，世界上根本就没有问题的婚姻，离婚也不是解决问题唯一的、最好的办法，大多数时候，离婚根本就不能解决问题。

第二，问题是不是足够让婚姻破裂。

在现实中，当男女因一时的激情而结婚的时候，这样的婚姻往往是不幸福的；夫妻因一时之气而离婚的时候，这样的分手又是不明智的。离婚，一定要找到问题所在，因为婚姻的神圣，一定要给离婚一个充足的理由。在婚姻生活中，很多人都不会有"预警机制"，但婚姻总会有若干个条条框框，一旦有人触及底线，这种机制就自然启动，家庭生活就处于"战争"状态，这时，要看看婚姻的问题在那里，做到具体问题能够具体分析。在离婚之前想一想，是自己的问题，还是对方的问题；你是不爱这个人了，还是对方不爱你了。当你找到问题以后，你会觉得所有的问题都不会是什么问题。离婚的人，很多就是他们不能清楚地找到他们婚姻所存在的问题，因此就找不到解决问题的办法，婚姻就会就此毁灭了。其实，婚姻就包含两个人对问题的解决过程，所以这个问题也不是离婚的充分理由。

第三，离婚能让自己生活得更好吗？

离婚的目的，就是寻求更好的生活。虽然有的婚姻结束要比继续好，比如，男方有暴力行为，或者经常吸毒、赌博，并屡教不改，或者男女双方性格极度不合，天天打架

等，这些问题是极度恶劣的，完全可以放弃这样的婚姻。但如果婚姻是因为你"经营"得不善而破裂，如果你用同样的方式再开始另一段婚姻，还不如改变你的生活态度，来避免离婚的结局，因为离婚有时并不能让你的生活更好。

李先生因妻子的外遇而要求离婚，面对妻子的不道德，他不想原谅自己的妻子，即使他承认自己仍然爱她。可是，离婚后的李先生虽然在精神上摆脱了妻子外遇的打击，但离婚后的生活更让他痛苦不堪。在他的生活中，充满着绝望、难过、惭愧、后悔等等的离婚情绪，同时，身体、心理也出现健康危机。李先生在没有充分心理准备的情况下被动离婚，自信和尊严都备受打击，客户和领导对他的能力信任度也出现了危机，因此，他的人际、事业、经济状况都发生了重大改变。于是，他和前妻又重新登记结婚，生活恢复原貌。在离婚之后，李先生发现原来的家对自己有多么珍贵，于是两个人又开诚布公地谈，这才重新走到一起。

事实上，婚姻需要坚持和忍让，需要一方作出牺牲。一个人忍一点，换来了家庭的平安，换来了欢声笑语，那才是最幸福的事。离婚对一些人来说是幸福的开始，但对另一些

人来说却是更大痛苦的到来。

那么，什么才是离婚的理由呢？

很多人总是从婚姻的现状找离婚的理由，但用这样的理由来结束婚姻，不仅加大了离婚的成本，而且还不一定能让你获得终身的幸福。因此，离婚的理由，应该是看离婚的结果会给你带来什么。因为离婚的人往往是为了获得更幸福的生活，如果你的婚姻很不幸，那么你不妨看看离婚后会不会给你带来幸福，如果不能，那么你离婚的理由就不充分，相反，如果你觉得离婚后自己一定会很幸福，那么，离婚就是正确的。

糟糕的婚姻状况，两个人可以共同把它"修理"好，但离婚后的痛苦，却会使人一生都陷入痛苦的深渊。因此，离婚的理由，往往不在于你婚姻是什么样的一个状况，而在于离婚后的结果。

有人将婚姻比作鞋子，认为鞋究竟合不合脚，只有穿鞋的人自己知道，但也许是现在"鞋"的质量不过关，也许是人们的"脚"越来越娇气了，总觉得鞋不合自己的脚，非把鞋子脱掉不可的人越来越多。但是，穿来就合脚舒适的鞋子很少有，鞋总会随着脚在变化，而脚也会试着适应鞋子，于

是人们总会有这样一个经验：鞋子越旧，穿在脚上往往会越舒服。因此，离婚往往不是追求婚姻美满的理由，把握当下的婚姻，才有资本一生幸福。

婚姻需要相敬如宾

无礼，这是侵蚀爱情的祸水。也许我们每一个人都知道这一点，而且我们又都会感觉到这一点，我们对陌生人比对自家人或亲属要更加客气有礼。我们绝对不会想到要阻止陌生人说："哎哟，你又要讲那个旧故事了吗？"我们决然不会未经许可而拆开朋友的信，或窥探他们私人的秘密。而只有家中的人，我们最亲近的人，我们才胆敢因为他们的小错而侮辱他们。

让我们看看秋克斯所说的一句话："那是一件惊人的事，但唯一真实他对我们说出刻薄、侮辱、伤感情的话的人，都是我们自家人。"

　　在荷兰，当你进入屋子以前，必须将鞋脱在门口。这里可从荷兰人那学到一个教训——将我们每一天工作中的烦闷在进家门以前清除掉。詹姆士有一次曾写过一篇文章《所要讨论的人类的盲目》，他如此写道："与我们不同的动物及人的感情的盲目是我们人人都患有的。"

　　"人人都患有的盲目"，许多男性决然做不到对顾客，或对他们工作中的伙伴说出锋利难听之言，但却会不假思索地对他们的妻子狂吼。而从他们的个人快乐角度来看，婚姻比他们的工作更加重要，关系更加密切。

　　婚姻幸福的普通人，比幽居的天才快乐得多。俄国著名小说家德琴尼夫受到文明世界各国的敬仰。但他说："如果什么地方有个女人关心我回家吃饭，我情愿放弃我所有的天才及我所有的书籍。"

　　婚姻幸福的机会究竟如何？我们已经说过，狄克斯相信一半以上是失败的，但是本诺博士想法不同。他说："一个男人在婚姻上成功的机会，比在其他任何事业上都多。所有进入杂货业的男人，70%失败，进入婚姻的男女，70%成功。"

　　与婚姻相比，出生不过是一生的一幕，死亡不过是一件意外……女人永远不能明白，为什么男人不用同样的努力，

使他的家庭成为一个发达的机关，如同他帮助他的经营或职业成功一样……虽然有一个妻子，一个和平快乐的家庭，比赚100元对一个男人更有意义……女人永远不明白，为什么她的丈夫不用一点儿外交手段来对待她。为什么不多用一点儿温柔手段，而不是高压手段，都是对他有益的。

大凡男人都知道，他可先让妻子快乐然后使她做任何事，并且不需要任何报酬，他知道如果他给她们几句简单的恭维，说她们管家如何好，她如何帮他的忙，她就会节省每一分钱了。每个男人都知道，如果他告诉他的妻子，她穿着去年的衣服如何美丽，可爱，她就不会再三买时髦的巴黎进口货了。每个男人都知道，他可以把妻儿老小子弹的眼睛吻得闭起来，直到她们盲如蝙蝠；他只要在她们的唇上热烈的一吻，即可另她们哑如牡蛎。

而且每个妻子都知道，她的丈夫知道自己对他需要些什么，因为她已经完全给他表白过，她们又永远不知道是要对他发怒，还是讨厌他，因为他情愿和她们争吵，情愿浪费他的钱为她们买新衣、汽车、珠宝，而不愿为一点儿小事去谄媚，接受她所迫切的要求来对待她。所以，如果你要保持家庭生活快乐，那么对你的妻子（丈夫）要有礼貌。

打造幸福婚姻生活

人都喜欢事事做到尽善尽美，做人也要考虑面面俱到，但世无完人，这样做只会累死自己，并让你处于一种不能超脱的心理负担中。

无论是什么时候，怀揣着什么样的心理，女人都要明白一点，想要面面俱到，讨好每一个人，那是绝对不可能的，因为你不可能顾及到每一个人的利益。你自以为把事情处置得十分周全，但对其他人来说，他们或许还嫌你做得不够。换句话说，由于每个人的感受和需求都各不相同，所以无论你怎样"周到"，都会有人不满意！

　　生活中，常听一些女人喊出这样一句话："生活真是太累了！"其实，生活本身并不累，它只是按照自然规律、按照它本身的规律在运转。说生活太累的女人都是因为自己错误的生活方式，才会让自己活得太累、太辛苦。

　　是啊，生活的压力的确让人感到喘不过气，但你可选择更愉快的方式过日子。生活在这个世界上，你要为衣、食、住、行奔忙，要去应付各种各样的事，还要去与各种各样的人相处，可谁又能保证你所接触的事都是好事，你所遇到的人都是谦谦君子呢？生活中必然会有喜有悲，有幸运也会有不幸。人也是如此，有君子就有小人，有高尚之人就有卑鄙之徒。事物都是相对而生的，否则生活又怎么能称为生活呢？只有各种各样的事、各种各样的人糅合在一起，才能构成色彩斑斓的世界，也只有这样的生活才是有滋味的。

　　在生活中，面对着各种各样不合自己心意的，与各种不同的性格的人相处，你会采取什么样的态度？是坦然、磊落、轻松地对待，还是谨小慎微？值得告诉女人的是，不要让自己长期生活在紧张，压抑之中，不要让自己的琴弦绷得太紧，也就是别活得那么累。必要的时候，放松一下自己，轻松地活着。

生活是公平的，对谁都是一样，没有绝对的幸运儿，更没有彻底的倒霉鬼，你有这样的不幸，她还有那样的烦心事；别人有那样的好机会，你还会有这样的好运气。所以，千万别把自己说得那么悲惨，更不要把自己缠绕在自己织的网中，挣扎不出来。

感觉生活太累的女人通常都是一些胆小怕事者，她们每说一句话都要考虑别人会怎么看待自己，会不会因为这一句话而伤害某人；每做一件事都要瞻前顾后，生怕因为自己的举动给自己带来不好影响。工作中，对领导、对同事小心翼翼；生活中，对朋友、邻居万分小心。其实，你的周围有那么多人，而每个人的脾气都不一样，你不可能做到使每个人都满意。即使你样样谨小慎微，还是会有人对你有成见。所以只要不违背常情，不失自己的良心，那么挺起胸膛来做人、做事，这样的效果可能很好。

感觉活得太累的女人往往不懂得如何很好地调整自己，每遇不幸之发生时，他们总是无法乐观地去看待，而且容易对生活产生悲观想法，似乎世界末日就要来临了。哪怕是看电视时看到某地发生了地震，死了许多人，也会紧张得要命，夜里不得安睡，总是疑心地球要爆炸了，说不定哪天自

己就上西天了。这不是杞人忧天吗？

　　如果女人总是生活在心情沉重、感情压抑之中，长期下来，那将是非常可怕的事情。处处都要考虑得失，时时都要注意不必要的小节，你还有更多的时间去干正事，去成就你的事业吗？因为你连很少的一件事都要左思右虑，时间就在你的犹豫中溜走了。也许，当你老了的时候，你回过头来会发现自己是那么渺小，两手空空，一事无成。到那时，你也只有空悲切了。

　　总是感觉生活太累的女人，必然看不到生活中光明的一面，更感觉不到生活的乐趣，因为你的时间统统用来盯住自己周围狭小的一定空间，而无暇顾及他事。而且你的生活非常被动，因为你不愿主动去做什么，生怕天上飞鸟的羽毛砸了自己。这样的生活不会是幸福的，更没有快乐可言，这样的生活是沉重的。

　　既然活得累是件很痛苦的事，既然生命对我们来说是那么宝贵、那么短暂，我们何不换一种活法，活得轻松、幽默一点，努力去感受生活中的阳光，把阴影抛在后头？即使工作任务很重，也要抽出一点儿时间来放松一下自己，那样会对你的工作更有益处。

　　女人，做你该做的吧！只要你认为是对的，你就坚定地去做，可以参考其他人的意见，但不必听任别人的指挥，这么做有时确实会让一些人不高兴，但只要你认为是对的，是能为大家谋得最大利益的，那就放手去做吧！我相信，事后你必定可以赢得这些人的尊敬。

　　生活中难免会出错。我们有太多的事要去做，也有太多的错误需要弥补。为了保持平衡，你应该多给自己一点儿空间，接受现实中不完美的一面。实际上，如果事事都那样完美，生活就不会这么有趣了。

　　太将注意力集中在自己做错的事情上，很容易就让你往牛角尖钻。你会觉得自己真是一无是处，你会一直沉浸在懊恼、愤怒与沮丧的情绪中，从而更加紧张，也更加吹毛求疵。

　　当你想起令自己感到骄傲的事时，你会将注意力集中在自己的优点上。你会感觉到自己才华横溢，而且潜力无穷。你会给自己一些空间，容许自己有发挥及改正错误的机会。

　　多去想想令你感到骄傲或快乐的事，能让你变成一个更有自信和耐心的人，不管是对你自己或别人。你会看到人生的积极面，不会再去吹毛求疵；你会知道自己和身边的每一个人都在尽力而为。只要将心态调整好，将注意力集中在自己的优点

而非缺点上，你就会感受到前所未有的轻松和快乐。

如果因为激情而结婚，来得快去得也快，可维持两年；倘若为孕育而结婚，没有爱，可维持三年；为金钱而结婚，欲望无限，可维持五年；为诺言而结婚，随着时间而忘诺，可维持十年；为誓约而结婚，可持续十年；为真情而结婚的婚姻，可相守一辈子。

说到底婚姻是一种责任与义务，是彼此的包容、关怀、牵挂，并在厮守中融入亲情，只有这样的婚姻才是最可靠、美满的。

第五章

为幸福婚姻而努力

婚姻幸福的自我认识

由于受封建社会的影响，在古代包办婚姻盛行很长一个时期，那时候，男女的婚姻总是"父母之命，媒妁之言"，《西厢记》里的张生与崔莺莺，那可能只是前人的杜撰，但他们的故事却给后来的男女做了一个好的榜样，许许多多的爱情故事由此开始萌芽和发展起来。

不难看出，保守的古代人对爱情的自由追求在内心也有渴望。这与现代人还是有些相似之处的。

其实，在古代，女孩在爱情上也有自由选择的例子，最好的证明就是"抛绣球"。女孩头顶红盖，手捧绣球站在台

上，台下人头攒动，把绣球抛下去，谁接住就以身相许，有点听天由命的意思。说它有几分爱情的自由体现，那就是女孩看到自己中意的人，将手中的绣球抛与他。但是，绣球在手中，能不能砸中自己中意的人也很难说，因为这在很大程度上决定台下有没有自己的相好，就是有，女孩抛绣球时也要有姚明投篮时的精准，以便击中目标。另外，对方还要能接得住，如果他在接球上是个菜鸟，绣球就很容易被他人抢去，最终会使两个相爱的人拆开。

在封建社会，对于女孩来说，这种择偶的方法要比家长包办，听天由命好得多了。至少它能给深居闺中的女孩一个选择的机会，至少女孩能从对方的外表上做出自己的选择，而不是仅仅盲从，而没有自己的主观意见。

从古至今，爱情都是一个不朽的话题。虽然古代女子受时代影响，无法大胆地选择自己的婚姻，但是她们的某些精神也很值得现代女孩效仿。比如，如果今天的女孩要想找到自己的如意郎君，可以大胆地学一学古代的女子，把"绣球"主动而又准确地抛给自己喜欢的人。

那么，女孩子应该怎样向自己的意中人"抛绣球"，以追求到自己的幸福呢？

　　其实，我觉得在爱情上，应该由男人来扮演主动的一方，因为女孩有女孩的矜持和羞涩，如果男孩主动一些，可以让女孩可以更自然一些。当然，对于自己中意的男人，如果女孩足够勇敢，想表白也是未尝不可的，但是女孩不能表达得太直白，那么可以用暗示的办法来追求自己喜欢的人。我们不能强求婚姻一定是爱情最纯粹的结晶，然而，面对人生如此重大的选择，一念之差也许会让你追悔一生，所以选择伴侣要擦亮眼睛，避免犯错误。

　　我之所以这样说，是因为有很多人在面对爱情和婚姻的选择上，出现了很多错误的心理，导致日后的婚姻不幸福。为了避免更多的人深受其害，所以我这里给大家一一列举，希望大家可以谨记于心。

　　1.因为寂寞

　　寂寞感人人都有，但若因为寂寞而寻伴结婚，就显得有些不明智了。很多男人女人因为寂寞而纠缠下去，结果争吵不断，感受不到幸福。

　　2.为了违抗父母之命

　　也许是父母认为子女太年轻，也许是认为子女选择的爱人不适当，但这些都可能引起子女强烈逆反心理。尤其是具有叛

逆性格的当事人，往往更会为了反抗而反抗。不过，需要提醒的是，这却可能是反抗父母主张最危险最糟糕的一次。

3.降格以求，为结婚而结婚

这显然是愚蠢的错误，没有任何理由，有的只是不可思议，甚至荒唐。

4.为逃离家庭

这是年轻人普遍会犯下的错误。为了脱离不快乐的家，或者逃避管束、向往自由，年轻人经常会借结婚来达到目的。其实，这根本就是一种虚幻式的假独立。

5.想当新娘

这种想法有些夸张，甚至荒谬，但的确有不少这样的荒唐女人，她们把结婚当成节日。乐此不疲地化妆、宴请、拍照，觉得不仅好玩，而且圆了新娘梦。殊不知，很多人都只当了一日公主。

6.对方外貌出众

虽然说俊男美女人人都爱，美貌的威力所向披靡。但如果除了美貌，其他必备条件都付诸阙如，就成了悲剧。而且，千万别忘记外貌的折旧率很高。

7.摆脱单身

许多女人还是不相信晚婚和不婚都可以是一种成熟的选择。重量时钟的催促、社会压力、惧做高龄产妇等因素，都会让人为了打破单身情况而结婚。但在这种心理因素下走出单身，是否真的可以永远幸福，人们不得而知。

8.因为年龄大了

真正的家人，是不会因为你的年龄来决定你的幸福的。如果因为年龄问题而没有好好选择一位可以让你在生活、个性、心灵上各方面契合的另一半，就意味着掉落在真正的爱情坟墓里。要每天过着无趣的生活，如同生活在监牢里。

9.为了欲望

男性更容易成为欲望的受害者。男人娶的并非是心目中的最爱，而只是用欲望来牵制他们的女人。

10.寻求安全感

安全感除了自己给自己，别人是给不了的。试想，如果原来情愿给你依靠的肩膀，突然不情愿了，那该如何面对？

11.嫁个金龟婿，找个有钱人

女人找座金山来靠，谁能说不好呢？一切向钱看，尽管求财得财，但只怕其他方面未必如意。

　　不管怎样，选择终身伴侣不能只要爱为基础，这话也许听起来不太正确，但其中确有深奥的道理存在。爱，不是结婚的惟一基础，但它是一个婚姻的好结果。如果你过于盲目，只为了某些微不足道的事情而过早地、草率地走进婚姻，那么结果不好也是自然而然的事情。

　　当然，这个世界上没有什么事情是无比绝对的，没有一成不变，永恒静止的事物。爱情也一样，并不是承诺了不变就能不变、承诺了永恒就可以永恒的。相对来说，在爱情的世界里，女人付出的比男人多，尤其是做那种追求事业、为事业打拼而所谓成功男人的背后的女人付出更多。

　　其实，这样的的例子在我们的生活中有很多。男人太忙因而剩下女人在家里带孩子、做家务，成功后的男人会要求女人放弃工作或女人自己因为太累而放弃工作在家做起了全职太太。久之，那成功的男人和整日待在围城内的女人便有了距离，两个人不能在一个层次里相互呼应，双方的价值观、人生观也逐渐不同。当女人的付出已成为一种习惯，男人也觉得女人的这种付出是理所当然能的时候，男人便会看贬那个为自己付出的女人，爱情也会悄悄走远。

　　应该说，一个人，尤其是女人，在婚姻中拥有独立的情

感和自我是非常重要的，这是婚姻安全的基础。你对婚姻无论有多么大的期待，你对丈夫有多深的爱，首先不要放弃自我的发展，要对自我有一个清晰明确的认知，一定不能丢掉你自己的工作、自己的学习，自己的圈子。如果你在这方面缺乏自我，完全依赖他的话，他就太有可能把你给丢掉了。因为丢了自己的人，说明她不懂得珍惜自己，自然也不会得到别人的珍惜，也很容易就会被别人丢掉。

　　婚姻需要两个人去共同创造。美好的婚姻需要一辈子锲而不舍地创造。每一个婚姻发展的阶段都有创造的机会，创造成功的婚姻有许许多多的科学知识和技巧，都需要人们去不断地学习，不断地调理，这样才能把美好婚姻进行到底，拥有幸福。

对婚姻负责

　　结婚不是单位的事，不是医院的事，完全是个人的事情，每个人都必须对自己的选择负责，每个人都有责任在结婚前对结婚对象有一个真正的了解。如果你对你的婚姻对象"包二奶""重婚"这些事情都没有一点儿察觉，就和他（她）结婚了，这是非常草率的，是对自己不负责任，即使最后出现什么后果，那也只能由自己来承担相应的责任。

　　许多人因为极为渴望婚姻，所以不想对结婚的对象有过多的质疑和猜忌，担心会因此查出自己有什么问题而影响婚姻，所以许多人结婚前选择放弃婚检；还有许多人认为彼此非常了解了，不需要再做婚检。其实，这两种想法都是不负责任的。决不能因为贪一时的便宜，顾一时的快乐，便不考虑自己的未来。我们应该清楚一点，那就是每一个真正健康对待爱情和婚姻的人都是希望自己的婚姻长久、和谐的，这就需要大家在走进婚姻前认真地对待婚检。

不能否认婚前存在的隐患问题，但是也不能逃避这些问题。我们要知道，婚姻是个人的事情，个人有权利任意处理，但同时更需要合理地处理，绝不能因为这种个人性而逃避相应的责任。我们需要对对方、还有婚姻本身负责。

在这里我想给大家一些建议，对于未恋爱的人来说，在选择配偶时，要考虑两人之间是否有爱存在，千万不要盲目；决定结婚时，更要理性地考虑，对将来的生活的转变要有心理准备，因为结婚是人生的里程碑。结婚表示肯负起照顾另一个人的责任，当配偶遇到挫折时，你要悉心地帮助他（她），直至他（她）能再度站起来；当配偶有成就时，你会以他（她）为荣，并鼓励他（她）再创高峰。

婚后，丈夫和妻子各自向他们的朋友抱怨。

丈夫："我想和她一块做事，她却只想跟我讲话。"

妻子："没结婚时我就话多，可那时候无论我讲多少废

话，他都爱听。如今我一开口，他就皱眉头，嫌我烦。”

　　婚后和婚前的强烈反差让很多夫妻不知道该如何面对。恋爱时，男性较愿意听女友谈心，一旦结了婚，就愈来愈少与妻子交谈。男女对于交谈的不同态度和期望，无意中降低了交谈的质量，表现为情绪商数的降低。这是人之常情，但是如果处理不好这种变化，很有可能就会给婚姻生活带来很坏的影响。

　　婚前婚后女方想说的话有了很大变化。婚前的交谈主要是关于两个人的关系，爱的呓语。即便反复唠叨，也只是说明爱之深切，爱侣自然不会反感。然而婚后，爱的呓语没有了。取而代之的是关于生活小事的烦恼，自己的忧愁、身体的不舒适、家务的劳累等等，丈夫对这些并非没有感知，但他宁愿两人一块做事，也不愿听无穷无尽的抱怨。

　　作为丈夫，应该理解妻子。婚后，妻子一般都把丈夫当作倾诉的对象，女性情感较丰富，对这种刺激的反应较明显，容易引发情绪的大起大落。而丈夫却很少像婚前那样温柔地爱抚她，会使她对丈夫有失望感，这种失望反而加剧了她的絮叨，希望这样会引起丈夫的重视，而丈夫最好的方式是聆听。

　　此外，在某种程度上说，丈夫对于婚姻的预期通常比妻子更乐观。一项研究说明，丈夫在婚姻的各个层面，如性关系、财政情况、是滞倾听、能否相死包容等方面，都比妻子更为乐观，而妻子则更多地注意到婚姻的问题，所以也就比丈夫更会抱怨。因此，如果丈夫能够体谅妻子，给妻子更多的倾诉机会，这样婚姻生活也会和谐许多。

　　一般来说，情绪都是通过体态语言加以表达，夫妇间恶意相向时，表示轻蔑在所难免，但愤怒加轻蔑，将使情绪处于决堤的边缘。因而，情绪商数较高的夫妇都努力避免这种情况。比如最常见的形式是侮辱或嘲讽的字眼："浑蛋、不要脸的、软弱无能"，等等。体态语言，如嗤之以鼻、眼睛上扬、嘴角微撇等。

　　轻蔑表示夫妇对伴侣做了最低的评价，诉诸语言或行动之后，对方不得逃避或采取守势。倘若在发怒时导致恶言相向，在长期的冲突中，一方可能干脆不说话，导致一方进攻，一方沉默的冷战。冷战是由于夫妻双方根本不进行情感交流，所以，它比恶语相向更威胁婚姻的稳固。

　　而且，通常情况是妻子对丈夫表示轻蔑，而丈夫以无声加以回击，婚姻关系到一步，伴侣已形同路人，甚至如人间

偶尔的心灵撞击，在伴侣间都找不到了。

　　研究表明，即使夫妻一方只是略为表现某种意含轻蔑的表情，另一方也会迅速作出无言的反应：心跳加快，呼吸急促。长期如此，不但彼此情绪恶化，健康也必定每况愈下。所以，做好彼此间的感情交流和沟通，更好地认识自己的婚姻，拥有美满的婚姻生活。

　　其实，婚姻是一种有缺陷的生活，完美无缺的婚姻只存在于恋爱时的遐想。那些婚姻失败者之所以失败，就是因为固守着一个残破的理想，太渴望完美所致。走进婚姻，我们往往会犯一个相同的错误，即不懂得珍惜已经拥有的，总是千方百计寻求不可能得到的。当婚姻遇到挫折或危机时，我们首先想到的并不是自己的缺点，而是对方的不足。

　　我相信我的婚姻，我也自己在婚姻中是幸福的。也许我在婚姻这种关系中做得不是最好的，但是我一定做得比较合适，遇到问题的时候，处理得比较妥善。夫妻本是同林鸟，双宿双栖双双飞。爱情之花应植根于互敬互爱、互助互谅的土壤中，学习一些好的婚姻习惯，这样男女彼此就会拥有更多的空间、更多的宽容。这样也是对婚姻负责，对自己负责，对自己的家庭和亲人负责。

婚姻幸福的内涵

对每一个人来说，结婚都是人生的头等大事，关系到一个人一生的幸福。它是一种双方的盟约，而盟约的缔结，除了双方权利和义务外，不可避免地附加了成本与收益的问题。换句话说，幸福的婚姻包含了太多的东西，它并不是如你看到的那样简单。

人通常会权衡婚后生活和单身生活的利弊，当结婚的"利"大于单身的"利"之后，他就会去选择婚姻。比如，结婚的"利"有收入的成本增加，满足爱的需要，生活需要可以长久维持，财产归属的纷争等等，只要利大于弊，婚姻

就会维系。所以有人建议男性朋友婚后要死死控制财权，同样也建议女性朋友在婚后必须争取财产权，以为在经济上拴住人就可以拴住对方的心。可是很多事例表明，单纯凭借经济绳索拴牢的婚姻关系，往往只剩下一个徒有其名的一纸婚约，而与幸福无关。

还有人认为只要彼此相爱，婚姻就会长久。可事实是，仅仅凭借爱情的热度，即使非常相爱，经历过千难万险的苦命鸳鸯也会选择分手，仅仅靠爱情是不可能维系婚姻稳定的。婚姻还包含了太多的内涵。

首先，婚姻是有道德价值的。

可以说，婚姻负载了许多的亲情和义务，因此婚约也是一份道德合约。婚姻在形式上是两性相悦的个人行为，但在本质上却是一种社会行为，要接受社会道德标尺的丈量。"死生契阔，与子相悦。执子之手，与子偕老"，这就是一种沉甸甸的道德责任的承诺。如果你做了超越社会道德标准的事，对不起，你就是违规操作；如果你道德责任投入不足，那么你的婚姻就可能先天不足，后天失调，弱不禁风。

其次，结婚有经济成本。

为了结婚，购房、酒席、养家养子，哪样不需要经济支

出？婚前的物质准备包括结婚时必要的生活用品的购置和婚后经济生活的来源。购置生活用品，要根据自己的经济支付能力，本着勤俭、实用、美观、合理的原则，统筹计划，合理安排。婚后的家庭是一个独立的消费单位，应量力为出，勤俭持家。所有的这些，原本一人挣钱一人花，一人吃饱全家不饿。现在却要分配给配偶和孩子……你的收入被分流了，那么你是否能换来等值的回报？

再次，结婚的成本还有事业和情感上的。

如果你事业成功，再找个温柔体贴的伴侣，可能会锦上添花，但也可能一不小心被婚姻拖垮你的事业，生活的重负让你停止了追逐事业的脚步。情感的付出更是无价的，你真心的付出也许是婚姻的凝固剂、婚后的生活的润滑剂，但也可能让你的心流血呻吟。

结婚后你还面临婆媳之间的微妙关系以及身份的升级贬值。作为女人，结婚前你是女孩，婚后就是女人了，这是有不同的市场价。此外，结婚前你是少女，婚后是老婆，而且被叠加了许多身份：妻子、母亲、儿媳妇、嫂子、弟媳、妯娌、连襟、婶婶，等等，这一切身份的获得，都需要相应的亲情以及行为规范作为回报。

　　此外，婚姻还有许多隐性的长远的支出，比如以下一些比较重要的方面：

　　1.爱好

　　选择婚姻必须放弃一部分个人爱好和兴趣。

　　2.自由

　　得到幸福家庭的同时，必须放弃很多自由的选择，包括与异性的亲密交往，与小姊妹逛街戏耍……

　　3.青春

　　女孩子一结婚，少女时代被画上了休止符。这往往意味着告别青春，告别撒娇，告别男孩子的火辣眼光，告别父母的荫蔽与宠爱。

　　4.性

　　婚内性看似便宜，其实有时也是比未婚昂贵的。性是婚姻的附属品，属于买一赚一的范畴，似乎是平等交换，不需要太多投资。可是，性的昂贵在于它被框定在固定的范围内，你不能越雷池半步。如果婚内性得不到满足而有所僭越寻求外泄，则可能因违背道德而付出昂贵的代价。

　　5.时间

　　结婚前你有大把的时间无法消磨，结婚后柴米油盐酱醋

茶，孩子工作绕身转……熙熙攘攘，为家忙为老公孩子忙，牺牲许多与朋友聚会、放飞个人爱好的时间。

你或许会觉得在这些条条框框的约束喜爱，幸福离你很远，但其实不然。其实，很多时候，幸福只是一种态度，它可以离你很近，也可能离你很远，关键在于你用什么眼光看，用什么心态面对。如果你觉得有人可以在你失意的时候送上一句安慰和一句祝福，那么即使你们相隔千里，你也会觉得自己是幸福的。

有时候，幸福是一样东西，在你费尽周折得到的时候；有时候，幸福是一个目标，当你长途奔波抵达的时候；有时候，幸福是一次比较，当你看到别人不幸的时候；更多的时候，幸福是我们的一种感觉一种心态，只要你领悟了，其实幸福就在们的生活中的每一个角落。

婚姻幸福的心理因素

　　在西方人看来，上帝造人的时候，为了增加人的痛苦，将他们分成两半，在地球上到处抛撒，于是人的一生，就是为了寻找自己的那另一半，而穷极一生。那个适合你的人，才是当初被分开的另一半。当这个问题上升到了婚姻的高度，我们更应该慎重对待。如果你做好了准备要走进婚姻的殿堂，希望你还是好好考虑一下，我认为婚姻中最重要的是两个人的人生观要一致，这是婚姻中最重要的心理因素。

　　每一个人都具有意识和思维，是人类区别于其他动物的根本特征，而情感需求更是人类所独具的高级思维。作为社会性的人类，孤独寂寞是无法忍受的，精神上的孤独会给人们带来意想不到的伤害。

美国的科学家曾做过一个试验，让志愿受试者待在地下几十米的地下室中。地下室的四壁都装着吸音材料，没有声音的折射和混响，深深的地下更是隔绝了地面上的一切喧嚣。受试者可以睡觉、休息、散步，但是没有办法可以与任何一个人交流。他们刚刚进入地下室的受试者，都感到了前所未有的安静，心中有一种超越尘世的欣快感，但是几个小时之后，没有任何外来声音和没有任何人可以交流的环境，使这种欣快感不仅荡然无存，而且受试者也变得烦躁不安，最后都要求走出实验室，并且再也不想回去。

作为一个心理健全的人，情感需求不仅是正常的心理需求，而且还是融入社会的一个重要因素。而爱情是情感需求中特殊且微妙的内容，婚姻将这种需要锁定在特定的对象身上，相互的情感付出与获得，使夫妻双方在心理上得到满足。

夫妻彼此相互给予的情感是多种多样，关键是要相互理解。同样是喜爱和表达，可是以强烈、丰富、热情奔放式的，也可以含蓄、温柔、和风细雨式的。

一般来说，夫妻婚姻初期常体验到的是热烈缠绵的炽

热情感。但随着时间的推移，感情日渐趋于平淡、成熟和稳定，更多地表现在生活的细节和关心上。当然，心理健康的夫妻应该善于适当地彼此称赞、欣赏，让对方知道你喜欢什么或不喜欢什么，尽量避免不必要的伤害感情的举止和行为。

有两对夫妇朋友，一对奉行享乐主义，对所有的娱乐和旅游项目都积极倡导；而另一对是谨慎的节约主义者，为了防老，为育子，就是坐公车还要考虑是地铁省钱还是大巴省钱。两对夫妇各得其所，日子过得很甜蜜。但是，假如换过来……后果不堪设想。

所以，你是什么人都没关系，要紧的是得找一个和你在人生理念上一致的人。萝卜青菜，各有所爱，相信这世上一定有一个欣赏你、和你一样的人。除此之外，婚姻还有一个要素，不是性格，不是挣钱多少，也不是吃饭的口味和他有没有体味，而是你能否在对方面前做到真实的放松。

我曾经看过一篇文章，讲日本太太如何讨好丈夫欢心：算好丈夫下班的时间，赶在这之前化好妆，换上最悦目的衣服，在给丈夫开门的一瞬间，再露出完美无缺的笑容。晚上，在丈夫更衣之前，抢先躺在床上，穿性感的睡衣，洒上撩人的香水，开昏暗的灯。早上，更要在丈夫醒来之前醒

来，否则让他看到枕边人蓬头垢面怎么得了。得在他睁开眼睛的时候，看到一个清新出浴的美女，还有放在精致手盘里的早餐。

我觉得要做到这些并不是一件容易的事情，最起码不是一个有着自己工作的人可以做到的。因为很难有哪一个职业女性可以做到24小时精神抖擞，且不说还都有心情不好的时候、生病时候。

其实，做妻子的应该适当地给丈夫一些意外的惊喜，这样你们的婚姻才会更加美满。你知道他每天的路径是什么吗？什么地方是他可能经过或出现的地方呢？公司唯一的电梯口？他习惯泊车的那个停车场？公交车站牌？……对于这些地方，你是否有足够的了解呢？如果你有把握，他大概几点钟会在哪个地方出现，你便可以偶尔给他这种惊喜——好好地策划一番，和他不期而遇，把自己当作礼物，"送"到他面前。如果在平淡无奇的生活中，无论是丈夫还是妻子，偶尔制造这么一两次小小的浪漫或者惊喜，夫妻之间的感情也会越来越好。

制造惊喜的方式有很多，你甚至可以玩这样的游戏：快下班时在他公司附近的街角打电话给他，但不要告诉他你在

哪里，最好让他误以为你在家里。等他走出公司，赫然发现你在他面前，那种惊喜是很戏剧性的。不过，这种游戏大概只能够玩一次，太频繁他就没有这么好"骗"了，也没这么惊喜了。而且，这种惊喜不一定要安排在他生日那天，可以只是两个人想出去吃顿饭、独处一下的时候，甚至也可以是"哪里都不想去，只要一起结伴回家"的时候。

此外，你们还可以在飞机场、火车站安排同样的惊喜给彼此。比如，去机场接机，原本你没有说要去接他，他却在下飞机的时候看到了突然出现的你，那一定是一个非常令人感动的画面。

对于女人来说，在生活上像那位日本妇人一样照顾好你的丈夫。中国人的观念向来是"民以食为天"。不是说"要想抓住男人的心，先要抓住他的胃"吗？这句话对很多厨艺不佳的人来说，听起来实在很令人沮丧。其实，手艺不闻不问的你一样可以让你的男人很快乐。

也许你听他讲过，"妈妈的味道"如何令他怀念不已；或者你自己也在他家吃过一道他最喜欢的菜；甚至，那道让他迷恋的大菜是在某家餐馆里吃到的。首先，你要做的是虚心地向他的母亲（或厨师）请教食谱；其次，你不妨请假半

天，把材料买齐，用"做实验"一样的心情，慢慢地做做看。也许你在第一次做得不太成功，不过没关系，还有下一次。其实好坏都是无所谓的，重要的是你的心意，你的爱人看到你这样细心地要安慰他对某道菜的"乡愁"，也就感动得一塌糊涂的！

所以，婚姻的第二个要素就是，你能在对方面前牙不刷，脸不洗；你能把脚跷在桌上；你能放声大哭；你能大放厥词，说希望那个老给你小鞋穿的上司生场恶疾，你好取而代之……

总之，无论是你最真实的、美好的和丑陋的，还是善良的、恶毒的一面，你都敢在对方面前不加掩饰地表现出来，那我就要恭喜你了，你已经找到了能跟你一辈子心手相牵的人。

婚姻幸福的夫妻关系

　　夫妻关系是一种特殊的人际关系，属于人性、亲昵性、长久性、发展性和契约性的关系，是人生中最亲密而又特殊直接的人际关系。这种人际关系，广泛地表现在日常生活当中。

　　在婚姻的词典里，我们经常会看到"门当户对""郎才女貌"等这些字眼，这些往往成了一个人选择自己另一半的潜规则，这种潜规则就是要求男女双方的条件能对等。可以说，在中国的婚姻史上，人们最讲究的是"门当户对"，"门不当，户不对"的婚姻往往都是不幸的。"门当户对"是要求两个人家庭条件、地位的对等，"郎才女貌"说的是

男女本身条件要般配。比如，历史上非常著名的梁山伯与祝英台的故事就是典型的代表。

梁山伯与祝英台悲剧的发生，最根本的原因，是他们的父辈在骨子里有"门当户对"的思想在作祟，因为梁祝两家在封建社会是两个不同的阶级，不论梁山伯与祝英台是多么相爱，但他们的两个家庭无法融合在一起，再加上那是一个父母决定婚姻的年代，这段本来可以美满的姻缘注定要走向失败。

而说到"郎才女貌"，这可谓是美好爱情最表面的一个反映。在婚姻的历史上，有很多是因为男女才貌上的差距而导致了婚姻的不幸，最后造成家破人亡的悲惨下场。历史上，漂亮的潘金莲嫁给了又矮又丑的武大郎，这种无趣的婚姻使得潘金莲红杏出墙。随后一幕幕惨剧也变由此拉开帷幕。

其实，在封建社会，这种男女本身条件的差距，受害的往往是女人，因为她们很少有自己选择幸福的权利。而男人就不同了，他们即使娶了一个自己不中意的女人也无妨，因为自己还有三妻四妾、春楼酒肆的女人可以作为这方面的补充。

当古代漂亮的女人当遇到不幸的婚姻时，她们往往只有哀怨的份儿，根本无处深渊诉苦，而男人在随意潇洒的同时

还能博得一些风流。很显然，当男女两个人在容貌上有了一定的差距的时候，很多人就很难在爱情及家庭上求得美满。

在现代的婚姻中，"门户"与"才貌"也是人们比较看重的几个方面之一。二者相比较而言，"门户"更能决定婚姻的幸福与否。不论两个人是如何相爱，他们将来的小家庭都不能脱离两家人对他们的影响。而门户的差距，往往对婚姻的打击是灾难性的。因为两个在完全不同的环境下长大的人，必定有很多难以融合的性格和特点，这对婚姻来说是致命的。

一个农村的女孩，大学毕业以后找了一个家境富裕的男友，结婚的时候，那种豪华的场面让她的朋友羡慕之至。可是不到一年，她与丈夫就离了婚。原来，丈夫及丈夫的家人瞧不起女孩的家人，她的父母来看她的时候，丈夫的家人对其冷淡不说，就是自己的丈夫也怀疑妻子把家里的钱偷偷地给了岳父母——这让她总是在屈辱和被怀疑中生活，她觉得非常痛苦，心理上也无法承受这种一拨儿又一拨儿的打击，最终她只好选择离婚。

所以，我们一直强调"门不当，户不对"往往是阻碍

青年美好恋爱的一道槛。大家在选择婚姻的时候，一定要慎重考虑这两个对婚姻起着决定性作用的因素。情窦初开的男女，在选择对象的时候，一定要适当注意两家人门户的差距。是小家碧玉就不要想着豪门公子，是穷小子就不要想着大家闺秀，意在攀龙附凤的爱情往往是苦涩的。当然，"灰姑娘"有时也会有自己的幸福爱情，"驸马爷"有时也会有自己的美满婚姻，像这样在攀龙附凤中能得到真正幸福爱情的也会有，但在获得这份幸福背后的苦心经营，不是每个人都能做到的。

应该说在现代社会，门户的差距，往往是男女双方无法避开的一个客观事实。但是，男女之间的差距有很多是可以规避的。我们不要因为很多本可以减小的差距，而放弃了对意中人的追求——放弃自己的所爱，对爱情有时也是一种摧残。因此，发现与对方有差距以后，把能够缩减的差距尽量缩减，这也是对美好爱情积极追求的表现。

事实上，"门当户对"的观念也许早已被现代人所不齿，但是它仍然从侧面说明了一条最简单的真理：婚姻能否美满主要在于双方是否能和谐地成为一个整体。

其实，对于婚姻，不仅"门户"和"才貌"是需要考虑

的因素，在今天这个社会上，在对方的兴趣爱好上也要好好地与自己做一番比对。这样，可以发现差距，规避差距。

两个人相爱，最直接的差距是两个人的兴趣爱好不同，当然，在现代社会，两个人学历、收入的不同也是开始恋爱的男女要考虑的问题。但是，这些差距往往都是可以规避的。因为两个人兴趣爱好不同时，最爱对方的一方可以培养自己的兴趣爱好，以此来顺从对方，这样兴趣爱好的差距也就可以避免了。

关于学历和收入，这也是人为可以控制的，只要自己多一些勤奋和努力，在这方面也可以得到"般配"的程度。

当恋爱深入到一定阶段时，往往会超越男欢女爱而演变成一种升华的人性的爱。每段恋情都开始于异性之间的相互吸引，但是当有一天你对他产生"即使他是女孩子也愿意和他朝夕相处"的感觉时，也许才是婚姻所要求的。如果你与他在一起时无法感受到自身的成长，那么还是趁早离开他吧。

其实，我们每个人降临到这个世界时并不是完美的，总有许多遗憾欠缺之处，而最奇妙的就是在同一个地球的某一个角落，有一个人是被造物主委派来弥补你的缺陷的人。婚姻的优点就是能通过双方的互相补充来让个体更加完美，它

是一种无声的传递和接收。

经常成为结婚动力的是希望老有所靠。但是现代人的平均寿命报告显示，你的他有可能爱上其他人，也很有可能先你而去，而这时你才悲哀地发现自己从来没有真正地爱过他。所以，如果你只是为了找一张长期的饭票，或者只是为了排遣寂寞，那么你不要结婚。因为你从他身上看到了你所缺少的东西，而这些不同则是婚姻的巨大隐患。

因此，我想告诉大家，尤其是女性朋友：即使你因为孤单寂寞而变得体无完肤，那么千万不要因为冲动而走进婚姻，这是一种极大的不负责任的表现，更是对自己的一种残忍。

婚姻幸福的产物

婚姻是爱情的结果，进入婚姻，组合成了家庭，而家庭的责任多半是为了繁衍出后代。然而作为一个女人，如果无法生育，多半逃脱不了被抛弃的命运，即便不会被抛弃，也会在被冷落和自责中度过，难以获得幸福。

其实，这种现象，从古至今一直都有。

古时认为"女子无才便是德"。因为那时人们认为女人的天职就是相夫教子，女子结婚就是为了生育，因此，女人无需也不能拥有自己独立人格和思想。

直到近代以来，我们才承认婚姻不仅仅是为了生育，也

是为了性爱，以致现代有了"性爱至上"的思想，不少新潮男女可以不谈婚姻，但不能没有性爱。在这种观念之下，如果只是生育了孩子就以为婚姻稳固了，不必用心经营，那只会让自己的婚姻搁浅，离幸福越来越远；也正是因为有了这样的观念，很多思想前卫的夫妻放弃生育孩子，只尽情地享受二人世界。

婚姻中人们组成了一个家，世上再也没有比一家人更亲的了，但婚姻中的每个人又都是独立的个体，有自己的空间天地、有自己的思想文化，有时在价值观上也有较大的分歧。婚姻的弹性就是要允许双方存在差异，给对方一定的空间自由，尊重对方的价值差异，不强求一致。

当然，对于任何女人来说，也不是说有了足够的性爱就有了完美的婚姻，婚姻的稳固只靠双方的性爱还是不够的，毕竟婚姻面对的不只有感情，还有物质生活、家务料理、子女抚养，及与其他家庭成员的关系问题等。婚姻有活力还得有一定的弹性，就像为了防震，我们给汽车加弹簧和人造海绵为了防止婚姻关系的松动，我们也得给婚姻加上一些弹簧，使婚姻在一个合理的范围内跳动自如。

为此，有人提出："夫妇互不干涉私生活。"这种提法

虽然有鼎足之势过之不及，但只要双方的私生活不危及婚姻的稳定，不破坏双方的感情、不伤害自己的家庭，当然是可以保留各自的隐私的。只要我们对"夫妇互不干涉私生活"进行正确的理解，对我们的婚姻关系的纷繁是有好处的。

这里的私生活只要不涉及原则问题，是可以做到不干涉的。私生活简单一点说，就是私人空间，并非就是指个人的感情生活，可以有个人的兴趣爱好，有个人的思想价值。如果我们正确地理解并做到互不干涉对方的私生活，这样的婚姻也便保证了适度的弹性，反而更有利于婚姻的稳定。压力太大，要求过苛，会破坏婚姻的弹性，让婚姻处于压抑状态，最终爆发婚姻危机；压力太小，过度纵容，则会让婚姻面临分崩离析的境地。

我们都知道，在现代社会，两情相悦的未婚男女抵御不住彼此的诱惑而婚前同居，这已经不是少见的事了。在以前，未婚就在一起，那将被世人视为放荡，更被家庭视为侮辱了门楣。现在不同了，一是时代进步了，人们的观念发生了很大的变化；二是很多年轻人走向了城市，两人在一起，不仅有安全感，还会省下一笔费用。因此，婚前同居已经成了情侣们很正常的事，他们无所忌惮地过着"亚夫妻"生

活。

婚前的同居，安全感、省费用那可能只是很多人的一个幌子，更多的是他们抵御不住男欢女爱的诱惑，对男女之间的性爱有着几分随意。其实，不管两个人的感情如何，婚前的同居都会影响到婚后的生活，这种影响甚至是致命的。如果想避免这种影响的产生，除非你们不选择结婚。

首先，影响婚后夫妻间的正常性爱。

婚姻学专家研究发现，很多人婚后性生活不和谐的原因来自于婚前同居。很多人在没有结婚前，尝禁果的滋味会觉得很美妙，可是，结婚之后却突然发现即使在蜜月期也不再有那么完美的性生活了，婚姻因此也过早地失去了激情。

从心理学的角度看，婚前同居，性生活给两个人带来的快感也只是在婚前，他们会期待婚后在性生活上有更高的水平。但结婚以后他们会发现，原来婚后的性生活还不如婚前，婚前性生活的频繁，往往会使两个人性反应迟钝，两个人就会没有婚前那样的性爱感受了。这样，就会对婚姻有几分失望。

比如，长期同居的情侣性生活非常频繁，但是结婚以后由于熟悉程度、生理变化、生活压力等诸多问题，原来的

一天一次可能会变成了几天一次。此时，多数情侣不会客观地去考虑这个事情，而是把矛盾直指感情。"你原来都很爱我，现在不爱我了"，是最常见的指责方式，不断地责怪也让婚姻生活变得很冷淡。

另外，对于最终不能结婚的情侣，婚前同居对他们新的婚姻来说影响更大。由于双方先前的性经历，很多同居过的男士会对现任妻子的忠诚度不信任。而女士也会觉得自己丈夫的性能力明显不如同居时的男性——这些都将直接威胁到婚姻的稳定性和长久性。

其次，影响孩子的健康。

很多同居的未婚男女，往往会因为意外而造成怀孕，继而打掉孩子，这种行为不仅会给女人造成极大的痛苦，如果稍有闪失，甚至会影响到生育。因为堕胎过多造成不孕或影响孩子健康的事例不在少数。

一般婚前怀孕是意外的比较多，这样会延误就医，不做产前检查，怀孕期间也缺乏适当的休息和照顾，加上心理上的压力，出现各种问题的可能较多，如母亲贫血、婴儿早产等。若未婚妈妈顺利产下婴儿，照顾及抚养也是一个问题，担当母亲角色会成为一个沉重的负担，在这种情况下，很难

保证孩子的健康。

如今有一种比较时髦的说法，叫作"奉子成婚"，而且这种现象也很常见。女人肚子里装着孩子结婚似乎已经快成了一种时尚。这对孩子来说也是不利的。

其实，要想养一个聪明健康的孩子，夫妻两个人就该有一个稳定的状态，并且还要有一个正常的性爱环境，不然，孩子的心智是很容易出现偏差的。而且，美满的婚姻都有成熟稳定的感情基础和婚前充足的准备，如果为了解决未婚先有子女而被迫结婚，这样会产生更多家庭问题和矛盾，等孩子出生之后，他所能看到和感受到的都是生活中的比较糟糕的一面，这对孩子的健康成长是极为不利的。

总之，性生活固然诱人，但是带来的后果却非常严重。在性欲驱使下，不计后果的性爱绝不是崇高的爱情。如果您对未来充满向往，那么请克制自己的冲动，因为性爱不仅仅只是两个人的快乐，更重要的是，它会影响到后来的孩子以及婚姻的幸福。

婚姻幸福让你激情飞扬

婚姻是一把伞。有了它，你就有了遮风挡雨的依靠，在风雨烈日时自然舒适无比，但在平平淡淡的天气里，你又会觉得这把伞是多余的，是累赘。

我觉得，结婚，就像是电视剧《奋斗》中陆涛和夏琳结婚后那样：两个人早上起床后，在浴室里并排站着刷牙，一面匆忙而用力地刷着，一面不断调整着姿势以免碰到对方，然后相视一笑，幸福无比。这应该是一种很多人都会特别羡慕的婚姻状态，尤其是年轻人。

谈到婚姻状态，有人把婚姻分为四类：可恶、可忍、可

过、可意。在这四类婚姻中，"可恶"的婚姻是最悲惨的；"可意"的婚姻是一种美满的婚姻，对多数人来说只是一种理想的现状。对平常人来说，婚姻都维持在"可忍"或者"可过"。因此，许多人常常抱怨自己的婚姻缺乏完美，有的甚至对婚姻失去了耐心。

我们经常听到这样一些说法：一个人结婚之后，他的快乐就会变成两个人的快乐，而烦恼也能丢一半给对方分担。这只是一种美好的愿望，当然，这种美好确实也可以存在于我们的生活之中。

你的另一半面临被裁员的危险，你会因此寝食难安；一向与你针锋相对的小姑子因为失恋而情绪低落，你也必须很不情愿地去尽做嫂子的责任。这就是婚姻，你必须接纳的不仅是你心爱的丈夫。如果公公婆婆生病时你不能毫无怨言地在床前侍候，小姑子的男友为找工作向你求救时你不能两肋插刀，你就无法维持美满的婚姻。一个人时的苦恼乘以10倍，才是你婚后必须面对的现实。

心埋专家说过："在一个家庭中，每个成员都想成为家庭中的主角，也就是我们所说的对大小事件的决策者。在发生了对家庭有影响的事件时，应该怎样处理，通常是由家庭

成员集体讨论和做出相应决策的，但也总得有一个把握方向的人，也就是我们所说的家庭中的当家人。"

　　当然，有了当家的人，其他成员就自然被塑造成为被领导者，这时，这些所谓的家庭"配角"就要注意调整好自己的心态，或是顺从或是反抗。要知道，适当的顺从会维护家庭的和睦，而由于心理不平衡进行反抗，自然就会造成家庭的矛盾。夫妻之间吵吵闹闹，儿女对家长的反抗、不尊重，都是是因为一个家庭不能及时调整好角色结构而造成的。

　　比如，父亲的形象过于严厉，就会导致母亲没有其应有的立场，使孩子在父亲面前出现过分畏惧的现象。这时父亲应注意调整自己，对待家人尽量温和一些，使妻子和儿女也有其应有的立场和态度，从而创造一种更为和谐的家庭氛围。而如果父母过分溺爱孩子，又会导致孩子无法无天，不听话，或过分娇气依赖父母。要改变这种角色偏向的现象，让孩子恢复一种正常的角色，就要父母克服娇纵、溺爱孩子的心理。

　　所以，我们常说婚姻是一门学问，经营一桩婚姻，不比经营一家公司容易。择偶、结婚、生儿育女，缔造幸福家庭，享受美满人生，其过程与一个雕刻家雕刻一个艺术品相

同，是一个创造的过程。在这个过程中，如果一个人愿意创造一桩幸福美好的婚姻，那么，他就必须从选择配偶的环节开始步步用心。

但是我们还必须清楚一点，那就是结婚仅仅是创造的开端，然后还要进行漫长的、精心地加工、修改、装饰、完美，因为幸福的标准在不断提高，一个人对幸福的心理渴望永无止境，所以我们需要活到老，学到老。

其实，我们在生活中发现的许多婚后问题，大多数是在婚前就已经萌芽了。所以，结婚之前，就要把发现的问题开诚布公地摊开，然后寻求解决的办法。这样就不必等到结婚之后，才开始面对问题，然后麻烦不断。

好的开始，就是成功的一半。美满的婚姻，是从恋爱的时候就开始的。

事实上，心灵相通的美满爱情，所有的情侣都可以获利，但是没有任何一对情侣的默契和深切的爱情是与生俱来的，夫妻双方需要在两人之间搭建某种桥梁，达成某种共识，遵循共同的原则。

我觉得"结婚能让自己获得新生"，我相信现在有很多人都对自己现在零乱不堪的生活环境感到深恶痛绝，恨不得

立刻飞出这个"蜗居"，找到一个温暖的港湾，也许你每天都在想象着搬家以后在房间里摆上心仪已久的家具，从此过着整洁有规律的生活。但是你必须看到，即使搬了家，如果不及时整理的话，还是会和以前一样乱。所以，要喜爱那个让婚姻给你带来幸福，你就要懂得如何维护和守护幸福，如果现在无法在舒心的环境中生活，那么搬家以后还会面临同样的问题。你只有经营好现在的生活，才能更好地去经营未来的婚姻，否则幸福永远都只是一个传说，你的美好愿望，也只能是一个神话。

第六章

用爱经营幸福

夫妻之间要互相欣赏

　　婚姻，就是两个陌生人因为爱情走到了一起，步入婚姻之后，成为彼此的终身伴侣，这就是缘分，但是生活却是有苦有乐。因为两个人的相处必然会有摩擦，这是婚姻的烦恼。但是我们又不能输给烦恼，我们还要继续我们的生活，那么我们该如何处理婚姻中的种种矛盾呢？

　　与婚后的夫妻不同，热恋中的人总是以互相欣赏的目光走进两人朦胧、甜蜜而又温馨的世界。但是婚后，尤其是过了几年之后，这个美好的婚姻"世界"就渐渐变得清晰了。于是，相互欣赏的目光也有些呆滞，有些挑剔，甚至根本看

不见欣赏的目光了。这时，夫妻双方往往会出现一些摩擦和矛盾，家也因此少了一点甜蜜和温馨。如果一不小心，也许就会断送一段姻缘。

在恋爱期间，男女双方的心理期待难免有些浪漫色彩：女方希望自己的情侣是完美无瑕的"白马王子"，男方希望自己的恋人是美丽绝伦的"白雪公主"。婚后，双方的心理期待则现实多了，家里周而复始的家务劳动，代替了花前月下的窃窃私语。由"浪漫"到"现实"所造成的反差，往往会使夫妻关系出现不和谐的"变奏"。

看看我们周围的人，我们就会发现，其实两情相悦的恋人，结婚后未必是一对美满幸福的好夫妻。其中的原因很多，但最根本的原因是大家都不太了解恋爱心理和婚姻心理的本质区别，没有进行从恋爱心理到婚姻心理的适当调整。

如果我们结婚之后，仍然用恋爱心理所形成的眼光看待生活理想、夫妻关系与生活方式，不能实现角色的顺利转换，那么婚姻心理素质就会迟迟难以建立和完善，因而夫妻关系出现了种种"裂痕"，这便需要及时修补，否则婚姻就会出现危机。

那么，夫妻应该如何重新寻找回来甜蜜而又温馨的世界

呢？如何找回初恋的感觉，让爱情常新呢？我认为，夫妻之间要时常互相欣赏，这也是心理学家一致赞同的观点。每个人都有渴望得到别人欣赏的心理需求。得到别人的欣赏，是一种精神上的抚慰，它会让人产生美妙的感觉。夫妻感情需要培植，而互相欣赏则是关键。因此，处理夫妻关系最忌讳忽视对方的积极表现。如果喜欢对方的某些行为，那么一定要抓住机会，加以欣赏。欣赏的前提是发现，夫妻间最有价值的欣赏是别人没有觉察到的长处和细微的进步，因为这才是知己者的欣赏。人与人之间的互相欣赏，可以有效调整夫妻婚姻心理，促进夫妻之间的亲密和谐关系。

1.相互欣赏可以保证爱情长久不衰

夫妻间想要始终保持如胶似漆的爱情，就要学会善于发现和欣赏对方的长处，要善于肯定对方的成绩。任何人都不会排斥真诚欣赏自己的人，你以惊喜的目光欣赏对方，对方也一定会以诚挚的表达给以回报。

2.丈夫欣赏妻子，让妻子更有自信，更美丽

对于丈夫来说，如果妻子改变了发型，你不妨认认真真地观赏一番，道一声："真漂亮，显得真年轻！"如果妻子刚刚从商场买回一件新衣服，丈夫一定要她在自己面前试

一试，并在走到妻子跟前仔细端详，露出满脸喜悦的神情，嘴里还要一连声地说："眼光比我强，这衣服你穿着非常好看，人也更精神了，不错！"

从你的言谈举止中，妻子会获得良好的心理满足。因为作为妻子，没有比丈夫的赞赏更有意义了。即使是长相一般的妻子，只要丈夫认为她美，并且能够准确指出她的独特之处，表示出发自内心的赞美和爱，她就不会为自己的相貌平平而担心和苦恼了。因为丈夫对她的满意和良好评价，使她在心理上确立了自己的位置，找到了自己的价值。

3.妻子欣赏丈夫，丈夫会感到非常满足，也会起到促进夫妻关系的作用

比如，你的丈夫看到别人制作的山水盆景很好看，就自己动手做了一个。当他兴高采烈地请你欣赏时，你对丈夫的手艺表示赞扬，尤其对他的大胆实践给予鼓励的话，他听了之后，心里一定是美滋滋的。即使你很委婉地指出他在制作工艺方面的不太理想之处，他也会很高兴地接受。夫妻之间语言上的友爱和关心是必要的，不要以为在恋爱期间说了那么多甜言蜜语，婚后就不必说了。

可见，夫妻间的互相欣赏是非常重要的，不但可以融洽

夫妻间关系，还可以帮助夫妻更好地经营生活。

　　互相欣赏的反面是互相挑剔，是吹毛求疵。有些夫妻关系紧张，一个重要原因就是他们只知道挑剔而不知道欣赏。有些人谈恋爱时看到对方的都是优点，可是一旦结婚，看到对方的却都是缺点。这种眼光的转变，实在是婚姻走向悲剧的开端。的确，既然你选择了现在的爱人，那么你一定是欣赏他身上的某些优点和超过别人的长处。否则，一个浑身上下一无是处的人，你怎么可能接纳呢？

　　生活中，有的夫妻平时不注意互相欣赏，觉得结婚日久，已没有必要和兴趣去特别留意对方，这样，久而久之，双方就感到陌生了，疏远了，彼此都觉得和自己生活在一起的爱人仿佛是一个随便遇上的陌路人，婚姻生活越来越寡淡无味，所谓夫妻不过是暂时投宿的客栈罢了。一旦出现此类情况，"爱情联盟"则可能很快"土崩瓦解"，所以，希望已婚的朋友们能够从多侧面、多角度欣赏自己的爱人，在互相欣赏中，使双方的感情更加愉悦和融洽。

　　所以，即使在婚后，夫妻之间也要经常互相欣赏，不要因为两人朝夕相处就对对方的优点视而不见了。对爱人身上的优点视而不见，这是十分危险的；如果你的爱人的优点在

你眼中逐渐消失了，甚至变成了缺点，那说明你们之间的感情有了问题。

不要以为夫妻之间互相欣赏的话语是"闲话"，是"废话"，是虚伪的。要知道，从夫妻心理交流来说，实际上"闲话"不是"闲"，"废话"不"废"。看上去是闲话和废话的交流语言，正是夫妻心理状态、心理倾向的最无功利、最纯粹的自然流露。

所以，我们一定要谨记：夫妻之间的相互欣赏，是夫妻共同生活中的一项内容，也是夫妻之间交流情感的一个重要方面。懂得欣赏，生活会更美好。

不要试图改造你的婚姻

我曾经看过一些关于心理学方面的书籍，书中说，一个人的眼神可以透露出许多有关他的信息。某人不正视你的时候，你会直觉地问自己："他想要隐藏什么呢？他怕什么呢？

一般来说，不正视别人通常意味着在你旁边我感到很自卑；我感到不如你，我怕你。躲避别人的眼神意味着我有罪恶感；所有反映出来的都是一些不好的信息。

而正视别人，就等于是在告诉他：我很诚实，而且光明正大。我相信我告诉你的话是真的，毫不心虚。

因此，你要让你的眼睛为你工作，就是要让你的眼神专

注于别人，这不但能给你信心，也能为你赢得别人的信任。

在与好友相聚的时候，很多男人都会说"你太幸福了，看你老婆多好呀，出得厅堂，下得厨房……""你老婆对你真好，总是柔声细雨，哪像我们家那位，简直就是个母老虎……""你可真有福气啊，家有仙妻……"。

这样的话在生活中出现的频率很高，而且还不止一两个人这么说。这是为什么呢？难道果真是"老婆是人家的好"吗？

其实，让男人产生这种感觉的原因主要有以下三个方面：

1.男人的"心态"在作祟

心理决定心态，心态决定行动。为什么婚前的男人总是觉得自己的女朋友是最好的？因为情人眼里出西施。可是女人还是同样一个女人，一旦结婚或是结婚久了，男人就觉不出老婆的好来了，这又是什么呢？妻子终归是妻子，居家过日子，家务琐事，磕磕碰碰，难免口角，很容易不顺眼；而婚姻以外的女人，完全没了家务琐事、磕磕碰碰，只有彼此的逢迎，而且会有意地掩饰自己不足的一面，尽量展示自己优越的一面。也许这个"别人的老婆"其实本来是个"河东狮吼"或是"东海的母夜叉"，此时此刻也会柔声细语、阿娜多姿，如此，男人愈发觉得"老婆还是别人的好"。

2.男人的"苛求"在作怪

人无完人，女人当然也是如此。但是不少男人在婚后总是会对妻子百般苛求，要求妻子既要出得厅堂，又要下得厨房。另外，也有不少男人总是不知不觉地拿妻子的短处跟别人老婆的长处比，这样比下来的结果是对自己的老婆有一百个不满意、一千个不如意，越看越不顺眼。这就是问题的症结所在，站在欣赏宽容"不求"的角度看别人的老婆，站在挑剔求全"苛求"的角度看自己的老婆，男人当然会形成所为"老婆还是别人的好"的错觉。

3."距离"惹的祸

婚后，丈夫与妻子朝夕相处，耳鬓厮磨，时间一久，新鲜感就会渐渐消失，于是对别的女人充满了新鲜和好奇。而这种新鲜感的产生是因为有距离，好比雾里看花，朦朦胧胧，似清非清。距离太近了，看得太清楚了，新鲜感也就不再了。换句话说，老婆就像一本书，初看时兴致盎然，废寝忘食，孜孜不倦。看完以后，知道了整个故事情节，就会失去新鲜感，将其扔在一边。因此，夫妻之间不妨时不时分开一段日子，以便重温"小别胜新婚"的滋味！

对于丈夫而言，在生活中，与你同甘共苦的是妻子，与

你休戚与共的是妻子，与你生死相伴的是妻子，所以，男人们请好好珍惜你的妻子。

英国伟大的政治家狄斯瑞利说过："我一生或许会犯许多错误，但我永远在打算为爱情而结婚。"他在35岁以前真的没有结婚。后来，他向一位有钱的、头发苍白且比他大15岁的寡妇求婚。也许你们会问，他们之间存在爱情吗？她知道他不爱她，知道他为她的金钱而娶她！所以她只要求一件事：请他等一年，给她一个机会研究他的品格。一年的期限终于到了，最终她与他结了婚。

回头再看狄斯雷利的婚姻，完全是在所有破坏了的、玷污了婚姻史中一个最充溢生气的婚姻。他所选择的有钱寡妇既不年轻，也不美貌，更不聪敏。她说话时常发生文字或历史的错误，令人发笑。例如，她对服装的兴味古怪，她对房屋装饰的兴味奇异，但她是一个天才，一个在婚姻中最重要的事情——懂得处置男人的艺术的天才。

这些与他的年长夫人在家所过的时间，是他一生最快乐的时间，她是他的伴侣，他的亲信，他的顾问。每天晚上他由众议院回来，告诉她日间的新闻。而这是重要的——无论

他从事什么，恩玛莉简直不相信他会失败的。

无论她在公众场所显示出如何意识，或没有思想，他永不批评她，他从未说出一句责备的话；而且，如果有人敢讥笑她，他即刻起来猛烈忠诚地护卫她。恩玛莉不是完美的，但30年来，她从未厌倦谈论她的丈夫，称赞他。结果呢？"我们已经结婚30年了，"狄斯瑞利说，"她从来没有使我厌倦过。"

恩玛莉习以为常地告诉他与她的朋友们："我谢谢他的恩爱，我的一生简直是幕很长的戏剧。"

在他两之间有一句笑话。"你知道的，"狄斯瑞利说，"无论怎样，我不过为了你的钱才同你结婚……"恩玛莉笑着回答说："是的，但如果你再重选择一次，你就要为爱情而与我结婚了，是不是？"而他承认那是对的。

30年来，恩玛莉为狄斯瑞利而生活，她尊重自己的财产，因为那能使他的生活更加安逸。反过来说，她是他的女英雄，在她死后她才成为伯爵；但在他还是一个平民时，他就劝说维多利亚女王擢升恩玛莉为贵族。所以，在1868年，

她被封为毕根菲尔特女爵。

这故事听起来有些好笑，也够矛盾的，但是却为我们诠释了婚姻的真谛，他们是我们所有人学习的榜样。

正如詹姆斯所说的："与人交往，第一项原则应学的事情就是不要干涉他们自己快乐的特殊方法，如果那些方法与我们不相冲突的话。所以，如果你要你的家庭生活快乐。第二项原则是：不要试图改造你的配偶。"

婚姻需要经营，而不是试图改造什么。珍惜你们的现在，好好生活。

美满婚姻需要充分准备

两个情投意合的男女，从相遇相识到相知相许，直至步入婚姻的殿堂，最好的证明就是一纸婚书。因此，当你和恋人的感情已彼此融入对方，就该领取结婚证了。可别小看了这一纸婚书，要知道那方方正正、颜色鲜红的结婚证书，是男女双方爱的见证，具备一定的法律效应和道德的约束作用，从有了结婚证那天开始，你们再也不是"无证驾驶"了！但是，这仅仅是一个开始，你们若想拥有一份甜美的婚姻，还需要对婚姻进行充分的准备工作。

其实，婚姻准备包括很多方面。我们都知道，婚姻的夫

妻生活与恋爱的恋人相处是截然不同的，尽管朝夕相处，但天天与柴米油盐打交道，生活和工作中也会遇到许多意想不到的麻烦，加上两个人对众多问题的看法和做法也不会永远一致，因此，矛盾会时时发生。

如果婚前缺乏这方面的准备，新人们就很容易不知所措，甚至大失所望，导致夫妻感情的破裂，所以，每一对恋人在决定终身大事之前，务必做好这些至关重要的准备工作，尤其是心理准备。

1.摆脱对婚姻生活的幻想

婚姻是实实在在的生活，因此，对于婚姻不要存在过高的期望与奢望，不要认为爱人样样都好，完美无缺，蜜月真的比蜜还甜。作为新人，应该清楚地认识到，新家庭的诞生，就意味着负担的加重，意味着双方都要为家庭尽力，尽自己的丈夫或妻子的责任。蜜月的甜蜜是自己甘心为爱人吃苦受累换来的，它意味着互相的奉献和共同的营造。因此，恋人们在婚前就要为爱人、为未来的小家庭做好甘心情愿吃苦与受累的决心，对于爱人的缺点和不足也要尽量去包容和谅解。

2.要做好适应新生活的精神准备

恋人们在婚前就应想到婚后生活的各个方面都会发生显著的变化，比如，婚后不止意味着与爱人生活，还要处理双方的父母、兄弟、姐妹以及亲戚朋友等诸多关系，要顾及各个方面。这就要求双方在婚前乃至婚后一段时间内，应该创造条件去认识和熟悉那些应该认识的人，以免婚后因许多陌生人闯入自己的生活而感到紧张或引起误解，从而伤害夫妻感情。

3.男女双方都要不断地加强相互之间的了解

这也是最关键的一点。男女之间加深感情，加深了解，是最重要的婚前心理准备。这项准备若不充分，其他准备再完备，哪怕是婚前的物质准备应有尽有，也难以弥补心理的损伤，保障婚后生活的美满幸福。

婚姻是美好的，也是平淡无奇的。这是男人和女人最终的、最踏实的归宿，同时也承载着女人的感情梦想。婚姻中的男女由最初的激情转为平淡，日复一日地变得越来越乏味，同时，生活的烦琐和劳累也让夫妻之间的温情越来越淡，两人甚至不愿意过多地交流心声，更不愿意诉说心事。男人要面对来自生活中、工作中的压力，女人也会因为常年累月的家务

而心怀一些怨气。但是，家还需要你们，你们的孩子和家人依旧需要你们，你们还要继续用爱支撑起这个家。

总之，做好结婚前的充分准备，认真规划婚后生活，不要把一切都想得太过美好，而是要勇敢地迎接现实，努力地面对现实。只有这样，我们的生活之花，才能在平淡的婚姻中绽放天长地久的美丽。

掌握夫妻之间的平衡术

一般来说，看一个男人在家是否有地位，往往看他的口袋；看一个男人在社会上能否吃得开，有时也决定于他的口袋；看一个男人是否会寻花问柳，这更决定于他的口袋，因此，把握住男人的口袋，往往成为女人的法宝，但聪明的女人会让男人正确发挥自己的"口袋作用"。因为夫妻之间的相处艺术就像天平，一旦一方失去了平衡，那么婚姻也将面临危机。然而，在实际生活中，很多夫妻在这方面的表现并不是很好，原因有很多，下面我为大家列举几个：

1.对配偶或自己不够信任。

彼此信任是促成夫妻关系亲密的重要因素。有一种人

总觉得自我形象太差，对自己缺乏信心，同时又时时感到别人以至配偶也瞧不起自己。这种人惧怕与人亲近，往往觉得自己一无是处，为了掩饰这个事实，他们尽量与别人疏远，甚至包括自己的亲人。而有的人畏惧投入太多的情感，是因为他们曾在这方面受过伤害，特别是在儿童期不被父母接纳者。事实上，那些惨痛经验所留下的创伤，是可以借着亲密的爱情来弥合的。作为配偶，要有耐心、爱心，肯花时间去赢得对方的信任。爱是一种互惠关系，只要充分信任对方，也信任自己，毫无顾忌地投入自己的感悟，亲密关系就会建立起来。

2.批评的习惯

许多夫妇有随便批评对方的习惯，想借批评去改善对方的外表或行为，以至于成为一种无意识的惯性——老在小地方吹毛求疵，在日常生活中也时时揭疮疤。这种不和谐的环境是难于培养出亲密关系的。故此，在处理夫妻关系时，就应该"听听"自己所说的话，检讨一下，如果有批评对方的倾向，就尽快改掉，以建设性的赞美与鼓励来取代消极的批评。这样一来，夫妻就会经常相偎在一起，坦诚分享沟通谈心的时光。

3.为自己的外貌烦恼

对自己的身体有介怀，往往会直接影响到夫妻生活。如果一个人身体某个部位有缺陷，又老是专注于这个缺陷，并以为配偶也必定计较这个缺陷，那么，就很难向对方袒露自己，也很难集中心思于爱的欢愉之中。其实，这种自卑的态度是不必要的。尽管身体有缺陷，但配偶对此是不计较的，因为对方爱你。解决这种自卑感的方法是，其配偶必须在口头上常常刻意去赞美其身体的每一部分，多夸奖，少批评，让对方树立信心，去掉不必要的烦恼。

4.机械化、形式化的夫妻生活

甜蜜的爱情所促成的亲密关系，是一种生命的征象。如果夫妻生活形同刷牙洗脸一般机械，或如寄信一般平淡，则似乎可以说明婚姻开始死亡。如果能在肉体关系以外培养感情的气氛，且注意更换夫妻生活的环境、方式，强调温柔体贴，那么这种僵化了的关系是可以起死回生的。一个男人可以在2分钟内完成做爱，但这样做实际上是欺骗自己，也欺骗了妻子。

5.夫妻生活中的"观望"态度

有些人很在意自己在夫妻生活中的表现，这也是一种赞

美。性是一种互相分享的经验，如果一个人太在乎自己的表现，就很难进入角色。正确的做法是，应当把注意力投向对方，取悦对方，并享受对方取悦自己的方式，如此就能祛除焦虑，尽情投入，从而建立亲密的性关系。

6.缺乏性以外的肉体接触

夫妻间在肉体上、感情上、心智上的接触是同等重要的。夫妻间需要性以外的肉体接触，以便维护相爱的感情。感情及性关系上的亲密，如不是借着经常的温柔、细腻、释然、毫不担心被拒绝或误解的接触，就难于滋长。亲密的关系需要夫妻将拥抱、依偎、牵手、亲吻充分运用起来。可惜的是，大多数人在结婚之后，唯有在想做爱时，才做肉体的接触。应当明白，性不可能满足我们心里对肉体及感情接触的一切渴望。要建立亲密的关系，保持接触是十分必要的。

7.贬低性的价值

婚姻内的性关系，乃是最深刻、最神秘、最有价值的一种经验。但有些人却认为性是一种幼稚行为。有些夫妻，一方或双方均轻看性的价值，而将注意力放在别的地方，从而伤害了夫妻应有的快乐、亲密的性关系。

8.缺乏敏锐的感觉

人若能对配偶的需要有敏锐的觉察力，其婚姻关系必定日益甜蜜。相反，一个迟钝、不关心配偶欲望与需要的人，要发展亲密的感悟就困难重重了。因此，如果要发展亲密的关系，就必须全神贯注地体谅配偶的需要，并以温暖、细腻的方式去满足对方。

9.看电视过多

表面看来，这个因素似乎不如前面所述的重要，但必须知道，看电视培养人的被动性：蜷缩在沙发里盯着电视机，足以使人毫无发展亲密关系的动机和精力。电视具有极大的催眠作用，甚至使人浑然不觉在电视机前浪费了无数时间。电视往往成为夫妻摩擦的根源，例如夫妻有一方喜欢迟睡，看晚间节目，而另一方却期望他早点上床；有时电视也被用作逃避夫妻生活的工具。

10.争吵后的愤怒和不满

如果夫妻间存在哪怕是一丁点儿愤怒与敌意，不管怎样掩饰或压抑，都会扼杀爱情的滋长。许多乏味沉闷的婚姻关系，其实是二人内心积郁着怒火与愤懑，不能宣泄、压抑、掩饰后所致。夫妻之所以走到这地步，往往是因为问题产生

后没有立刻解决所致。有时，夫妻为求息事宁人，在遇到冲突的尖锐处，就故意避开风头，勉强压住自己的怒气。有时，夫妻表面上恩恩爱爱，假装毫无介蒂的样子，事实上二人都有满腔怨言和苦水。只要问题仍然没有得到解决，说不定哪一天就会冒出来困扰他们，后果更难收拾。

可以说，大吵一架，有时比压抑自己的意见和情绪效果好，后者往往会产生怨恨和冷漠。冷漠是爱情最大的敌人。夫妻吵架至少表明，两人还在进行"商量"。不过，不是说吵架就一定是好事，即使万不得已发生了争吵，也必须注意两项规则：一是必须吵出结果，解决问题；二是吵的事必须限于眼前的冲突，就事论事，绝不可算旧账，翻老底。

在夫妻之间的平衡关系上，在共同分享夫妻之间的亲密关系中，夫妻之间必须真诚，彼此都能向对方袒露自己的脆弱之处。妻子不要过分约束丈夫，丈夫也不要总是挑剔妻子，每个人都有自己的不足之处。妻子容颜渐去不是丈夫在外面沾花惹草的借口，丈夫事业低迷也不是妻子移情别恋的理由。夫妻双方只有目标一致，共同努力，在爱的天平上，保持最佳的平衡状态，那么一切困难，都无所谓困难，一切烦恼也都会烟消云散。

婚姻离不开宽容

　　"宽容"是一个博大的词汇，不但其内涵博大，其所带来的意义一而非常博大。人需要宽容，婚姻也需要宽容。有宽容才有幸福的婚姻，因为婚姻作为人类一种独特的生活方式，只在彼此的宽容和交流中才能体现出婚姻的幸福和美满。

　　一个朋友问我："什么是幸福？"我不假思索地回答："是男人和女人的相互理解、相互包容。"接着她又问我什么是包容。我说："这太简单不过了，就是在两个人的世界里，没有矛盾，彼此珍爱，彼此理解，彼此静谧、温馨地依偎在爱人的怀抱里。"她听了之后笑个不停，不知道是笑我

的话太幼稚，还是太真挚？

　　我没有追问朋友的笑意，但是我知道，很大程度上她会觉得我过得真的很幸福。我们每个人的世界观本来不同，看待问题的角度和方式也自然会很迥异，对幸福的理解也不会一样，都是一个面孔，但我想至少不会有人认为夫妻俩赌气、打架、闹离婚就是幸福吧，除非这个人是疯子。

　　在婚姻的世界里，每个人都有自己的追求，我也是从这个追求的过程中走出来的女人，我当然希望有一位自己心爱的白马王子的出现，一起跳上一条无人的乌蓬船，静谧而甜蜜地相拥在一起。升起白帆，任小船任意漂泊，最后不论停靠在哪儿，就在那里安家。因为婚姻的归宿不是某个驿站，而是爱人的怀抱。

　　想象虽然很美好，但现实却很残酷。男人所背负的事业和竞争的压力往往是做妻子的无法感受的，这压力来自外界，更来自男人内心。男人不像女人那样善于宣泄，未被完全释放的压力就这样一点点积存下来，直到迫使男人无法呼吸。而变得懒散，往往就是他对沉积得如同厚厚淤泥般的压力的一种反弹和自我保护。因此，在工作中，他表现出效率低下、不思进取的精神状态，即使工作堆积如山却依旧不想

　　做……男人往往通过这些"毛病"达到心理缓冲，而女人允许他这样懈怠本身就是一种关切和督促。

　　妻子应在此时更关心、理解丈夫，做好其心理疏导工作，防止给他施加更大的压力。比如明确地告诉他自己并没有给他设定目标，希望他不要自我加压；你理解他暂时的这种工作效率不高，让他不要太过焦虑等。

　　另外，干脆让他彻底放松两天，完全把工作抛到一边，关闭平时形影不离的通信工具，让他在这个信息异常发达的社会里"消失"一会儿，让疲惫的神经彻底休憩。这种"彻底放松"其实是更好的充电，像给长久紧绷的大脑充足了氧，源源不断的灵感和对工作的激情不久就会回来。

　　宽容是一双充满希望的眼睛，它会让女人看到一个阳光明媚的世界，让女人在将心比心的体谅中，赢得仁爱的光芒，温柔的细雨，温暖的春风；让女人的心田得到阳光的普照和雨露的滋润；让生命在充满生机的人生中品尝到仁爱的甘甜，体味到因宽容带来的人生的大境界。

　　想必大家都知道这句名言——海纳百川，有容乃大。这里的"容"，按一般理解，指的是包容、容纳，能包容、容纳百川之水的只有大海，用它来形容人，尤其是伟人的胸怀

是再贴切不过了。这也说明，宽容可以赋予婚姻多么强大的意义。

　　宽容意味着无私的给予，给予却能使自己变得更加丰富；宽容也意味着善待别人，善待别人的同时也善待了自己。睚眦必报，锱铢必较，寸土必争，寸利必得，不像是夫妻过日子。这样的婚姻双方能不累？会长久吗？

　　生活，往往纷繁又平淡。正因为女人的宽容如水，才使得纷繁的生活经过过滤变得纯净；正因为女人的宽容似火，才使得平淡的生活通过燃烧日趋鲜明；更因为有这诗意般的宽容，才赋予人生以艺术，赋予生命以永恒。

　　其实，宽容不仅给男人力量，给女人善良，更重要的是因为宽容还可以给家庭带来和睦，而和睦是家庭稳定的基石。宽容，还可以保持彼此的心理距离。不是所有的婚姻都能拥有宽容，因为宽容来源于内心对对方的信任，也源于自信。这是不可多得的保持婚姻活力的源泉。

　　有时候我们忽略了离我们最真的情感，有时候我们会模糊了离我们最近的幸福。一辈子很短，远没有我们想象的那么长，永远真的没有多远。所以，对爱你的人好一点，对自己好一点，今天是你的枕畔人，明天可能成了陌路人，如果

这辈子来不及好好相爱，就更不要指望下一辈子还能遇见。所以，请珍惜你身边爱你的那个人。

我知道很多女孩儿对自己很不满意，没有好的相貌，没有好的家庭背景，也没有好的工作，觉得自己很差，非常自卑。不敢面对生活，总是逃避。其实，我觉得作为女性，首先我们要宽容自己，了解自己的外在形象，勇于接受自己。无论你生来怎样，漂亮或不漂亮，你都要接受自己，无须自卑，也无须自大，正确看待自己，你就会美得无与伦比。

请记住，你就是你，你是无可替代的你，你是这个世界上独一无二的你。你要为自己骄傲，也要活得骄傲。带着你的骄傲，宽容一点，给别人一个机会，也给自己一个机会。

让婚姻充满自由的空气

曾经，有一个朋友问我这样一道题：

"一辆装满货物的大卡车要通过一个桥洞时，因货物高出桥洞几厘米而无法通过。请问，在不卸货的情况下，怎样才能使卡车顺利通过桥洞？"

我想了一下说："给汽车轮胎放点气，让车矮下几厘米，不就可以通过了吗？"朋友夸我聪明，她说问过几个人都没有回答出来。

其实，这个题目并没有那么复杂，只要我们可以没有那么多的要求和过多的奢望，我们就可以想到解决的办法。婚

姻也是如此，如果你总是希望得到更多，你对婚姻的标准过高，那么你将很难经营好婚姻。所以，为了让婚姻这辆车能顺利通过，也要学着给自己放点气。

其实，婚姻就像一辆车，负载着我们生活的希望。在这辆车负重前行时，我们要学会充气，让婚姻顺利前行。在遭遇生活的"桥洞"时，我们要学会给自己放气，学会示弱、退让、宽容和尊重，让婚姻能够通过各种生活的障碍。

当我们的婚姻从激情的云端跌落回脚下的大地上时，我们被爱的需求还存在时，该如何去继续我们的爱情，维系我们的婚姻？

没错，就是你心底的答案——用爱！学会去爱，学会去感受爱，在付出爱的同时激励伴侣回馈爱！试想，如果我们的婚姻充满爱与被爱，那将是一座何等坚固的城池。下面，我为大家介绍几种可以帮助夫妻之前增进两人感情的方法，希望大家都能够从中受益。

1.把赞美与肯定说出口

"良言一句三冬暖，恶语一句六月寒"。婚姻中的两个人，就算再和谐，但如果一方总是对另一方恶语相向、贬损挖苦，爱就只会渐行渐远，婚姻及婚姻中的两个人也只会渐

行渐远。相反，如果能常常得到对方的肯定与欣赏，我们只会倍觉甜蜜，婚姻自然随时间推移而弥坚。所以，请学会向爱人表达爱吧，爱，需要说出口。

2.用行动去关爱对方

关爱，就是关心与爱护，是你生病时爱人温暖的抚摸，是你疲惫时爱人递上的热茶，是你寒冷时爱人悄然送上的手套。关爱，需要我们，尤其是女人一定程度上无私，甚至带些服务色彩的付出，比如为繁忙的老公整理公文包，清洗脏衣物，购置必需品。这并非意味着一方就低人一等。婚姻中讲求"相互扶持"，这不正包含了在必要时帮对方一把的意思吗？更何况，婚姻本身就需要双方无私的付出。特别提醒做老公的，在妻子需要你相助时一定要积极出手，一个不帮妻子做事（包括做家务、给老婆买礼物）的老公迟早会让爱人感觉受不了，女人亦然。

3.身体的接触

许多男人都认为"身体的接触"是性。不可否认，这是幸福的婚姻不可或缺的成分，也是当初激情的原动力，但这并不是全部。女人的内心渴望被爱，也渴望爱人在生活中不经意地轻抚，渴望爱人在我们失意或得意时真诚的拥抱与抚慰。

4.爱屋及乌，善待他（她）的家人

如果你们彼此相爱，请善待彼此的家人。记得曾有人说过，否定、轻视对方的家人就是否定、轻视爱人的过去，此话虽然说得有些绝对，但却不无道理。一个善于爱的人必会精心爱护爱人的一切，包括他（她）的家人。

5.多一分宽容，少几分计较

毋庸置疑，我们的心中渴望被爱，渴望宽容，但是，我们却常常因一些鸡毛蒜皮的事而计较甚至争吵，结果我们不但没有感觉到爱与宽容，反而体会到忽视与伤害。例如，为什么总往沙发上扔衣服？凭什么总是我拖地洗碗？这些鸡零狗碎的事往往能引爆我们的情绪，引起家庭的战火，日积月累，不仅会消磨我们爱的能力，更会使曾经相爱的两人视如陌路，分道扬镳。所以，请学会宽容，学会沟通，学会如何委婉表达自己的情绪，而不是讥讽、计较与争吵。努力去宽容生活中这些鸡零狗碎的事吧。宽容我们的爱人，也等于宽容了自己。

你这样做了，也许你的朋友和家人会认为你太傻，其实傻人才是最多福的，尤其是在婚姻生活中，这点体现得更加明显。不知道你是否已经发觉，在婚姻生活中，我们经常可

以看到一种有意思的现象：一些聪明绝顶、过目不忘的人，往往体弱多病、心情抑郁，而另一些马马虎虎、遇事即忘的人却是笑口常开，身体健康，即为"傻人多福"。

傻人，之所以被人们称为傻，其表现有两点：

1.傻人吃亏

傻人懒得跟人计较利益得失，些许鸡毛蒜皮之事不足挂齿，在聪明人眼里自然是傻乎乎的。

2.傻人健忘

傻人一天到晚可以笑容满面，正因如此，也容易被人斥为"没脑子"。其实从医学的角度讲，健忘在人的思维中占有重要的位置，健忘可以减轻大脑的负担，降低脑细胞的消耗。从心理学的角度讲，遗忘可以让人忘掉过去的伤心和痛苦，保持心情舒畅。从这个角度来看，傻人的幸福指数才是最高的。

有时候，也许你想象不到，生活的智慧竟然可以这样简单，其实，这就是婚姻，这就是生活，不要将其复杂化，也不要将其抽象化，这就是实实在在的生活，其实它并不需要你多精明多能干，它只要你"傻"一点儿，你就会收获莫大的幸福。